独立供暖系统
设计施工及质量分析

杜　渐　主　编

吴　芳　胡广宇　副主编

中国建筑工业出版社

图书在版编目（CIP）数据

独立供暖系统设计施工及质量分析/杜渐主编．—北京：
中国建筑工业出版社，2015.2（2023.7重印）

ISBN 978-7-112-17743-1

Ⅰ.①独… Ⅱ.①杜… Ⅲ.①供热系统-系统设计-研究
Ⅳ.①TU833

中国版本图书馆CIP数据核字(2015)第027129号

责任编辑：齐庆梅
责任设计：张　虹
责任校对：李美娜　刘梦然

独立供暖系统设计施工及质量分析

杜　渐　主　编

吴　芳　胡广宇　副主编

*

中国建筑工业出版社出版、发行（北京西郊百万庄）

各地新华书店、建筑书店经销

北京红光制版公司制版

建工社（河北）印刷有限公司印刷

*

开本：787×1092毫米　1/16　印张：8¾　字数：208千字

2015年2月第一版　2023年7月第四次印刷

定价：**28.00**元

ISBN 978-7-112-17743-1

（27004）

前　言

随着我国经济的发展和人民生活水平的提高，人们对生活的舒适性要求越来越高。在以前没有集中供热的地区，越来越多的家庭开始安装独立供暖系统；在北方有集中供热的地区，对于供热收费头痛的小区也开始普及安装独立供暖系统；一些度假村、商务楼在某一个或两个楼层也有设置独立供暖系统的要求。目前，独立供暖采用的形式有：

(1) 电加热供暖（电热膜、发热电缆和碳晶板）：优点是安装比较简便，控制也比较方便，价格也较适中，房间升温较快；缺点是还需要另外安装生活热水系统，电负荷可能要增容。

(2) 热泵机组（气源热泵或地源热泵机组）＋散热设备（毛细管、地暖管、风机盘管）：优点是冬季可以供暖，夏季可以制冷，可提供“新风＋热水”，夏季效率很高；缺点是冬季效率很低，价格高，机组所占空间很大，地源式系统还要打井，遇到复杂地质需要多打井或效果很差，安装工艺较复杂，热水温度一般不超过 55℃，对军团细菌的杀灭需要采取其他措施。

(3) 燃气壁挂炉＋地暖加热管或散热器：优点是供暖与热水都能兼得，价格与安装工艺都较适中，控制也较方便；缺点是房间首次升温较慢，不适于经常启闭的房间供暖，需要有燃气气源。

由于要求安装独立供暖系统的家庭日益增加，而进入这个行业的门槛不高，许多企业都涌进来抢这块蛋糕，鱼龙混杂、泥沙俱下。现在从事独立供暖系统当中的大多数人原来没有经历过这个领域的学习或培训，都是自学成才，一线操作人员技能好的不多；即使经历过专业培训的人员，因为进口的新材料、新附件、新设备和新技术也越来越多，对它们的特性和安装要求也不很熟悉，一些技术人员和施工人员还未吃透其技术和安装工艺；许多客户对这个行业也很陌生，甚至提出一些违反设计规范的要求，有些企业为了得到订单也迁就他们。这些因素导致了设计、安装和售后服务过程中存在的问题越来越多，能耗很高、故障频发，一些地区因为气源紧张而对燃气壁挂炉的安装甚至给予了限制。

由于以上原因，我们认为有必要为独立供暖系统设计和施工的人员编写一本书，来改进我们的设计和施工。要使独立供暖成为一个能长期做下去的事业，就必须要求所有的设计与施工人员懂得重要的专业知识，懂得与业主如何正确沟通、相互交流哪些信息，懂得正确安装的工艺要求。本书针对独立供暖系统的设计与施工人员介绍和分析水暖（即燃气壁挂炉＋地暖加热管或散热器）的设计和施工要点，收集了大量的图片，进行质量分析。这本书也可以供集中供热的设计与施工人员参考以及职业院校学生施工技术的学习。

本书的主编是南京高等职业技术学校的副教授杜渐，负责翻译了大量德文资料与前三章内容的编写；副主编是雅克菲（上海）热能设备有限公司总经理吴芳和副总经理胡广宇，他们确定了编写提纲、编写模式，组织有关人员到现场参观、搜集相关资料、回来进行讨论和筛选，胡广宇还负责了调节控制技术章节的编写；雅克菲公司销售总监资道友负责了散热器章节的编写，雅克菲公司技术总监吴海婴负责了燃气壁挂炉章节的编写。雅克菲公司的郝佩芳提供了一些施工现场的照片和信息，孙浩伟、王世丹和诸盛慧参与了书中图片的拍摄、修改与润色。

在编写过程中，我们还翻译了德国网站 http：//www. heiz-tipp. de 的一些资料。在编写过程中，德国专家 Guenter Hank 先生也提供了不少资料和帮助。德国罗森博格工具公司（Rothenberg）、上海吉博力房屋卫生设备工程技术有限公司（Geberit）、德国适加建筑技术中国代表处（Fraenkische）也提供了相关资料。在编写过程中，我们还参考了百度文库的部分内容。在此一并表示感谢。

由于编者水平有限，本书可能存在一些不足和错误，恳请广大读者给予批评和指正。

目　录

1　独立供暖系统的设计

1.1　舒　适　性

许多企业的设计和施工人员在和业主商谈独立供暖项目的方案时，经常是价格优先；但是在安装了供暖系统后，业主一直抱怨："房间的温度好像没有达到18°C"；"房间温度应该达到25℃，我才不感到冷"；"门窗都关好了，怎么会有风（俗称'穿堂风'）"；"窗户上有'气汗水'（即冷凝水）"；"以前我们家没有霉菌，为什么现在安装了供暖系统后却发生了"；"我们安装了地暖，但我的脚没有感到热"……

这些业主吃惊的说法表明一个舒适和无缺陷的房间温度与湿度应该有正确的控制值。同时也表明，舒适性这个题目显而易见是多层次的和错综复杂的。

然而，许多人习惯于居住在缺少阳光和不健康的空气环境里。后果就是不舒适，甚至是疾病缠身。许多人常常试图用不可靠的、甚至是不合适的方法来解决舒适性的问题，因为普通的业主难以得到专业性的建议。

1.1.1　人体体温的调节

人体的生命过程要求有一定的外部条件来保障，首先，当然是理想的，保证有一个舒适的环境。尤其是对我们舒适起作用的热，扮演了一个特别的角色，人体在进行新陈代谢作用时，在变化的外部影响下试图保持其体温的恒定。所以，我们必须在体内产生热量，在过剩时也排出热量。这对于创造一个舒适的环境有着重要的意义。

如果假设现在一个人在阅读这本书时，其周围的空气温度是21℃。空气几乎没有运动，他是普通的穿着。那么在这种情况下，人体发出的热量大约相当于两个60W普通白炽灯泡所放出的热量。

(1) 这个热量的一部分，约三分之一，通过人体皮肤放出、直接热辐射到围护结构的表面（墙体、窗户等）和家具上。

(2) 人体第二个三分之一的热量通过对流和传导损失掉，即通过热传输散发到室内空气，以及通过身体（脚掌、手、臀部等）与其他物体表面的接触发生的热传导散发热量。

(3) 通过水的汽化，即通过呼吸和出汗（排出汽化热），将人体剩下的三分之一热量散发到周围的环境中。

这些过程对于环境舒适性的设计有着如下重要的意义：

① 人们感觉供热（或供冷）舒适的地方，必然是既没有加速也没有妨碍身体温度的自然调节。

② 人们感觉不舒适的地方，一定是由于外部环境大大加速或降低了人体热量正常的散发。干扰了热平衡！

1.1.2 我国供暖的室内温度

我国《夏热冬冷地区居住建筑节能设计标准》JGJ 134—2010 规定，冬季供暖卧室、起居室设计温度取 16～18℃。任何地区的冬季室内温度均不得低于 13℃。

垂直温差：指居室中央地面以上 0.1m 处的气温与距地面以上 1.5m 的气温之差。垂直温差过大，会使足部温度下降，体温调节紧张，不利于健康，一般垂直温差应小于 3℃。

水平温差：指居室内 1.5m 处各点的气温之差。一般在门口、窗口、走廊等处气温偏低，房间内的水平温差过大容易使人受凉，水平温差以不超过 2～3℃为宜。

《公共场所空气温度测定方法》GB/T 18204.13—2000 中，对室温的测定方法也作了具体规定。室内面积不足 $16m^2$ 的测室中央一点；$16m^2$ 以上但不足 $30m^2$ 的测二点（居室对角线三等分，第二个等分点作为测点）；$30m^2$ 以上但不足 $60m^2$ 的测三点（居室对角线四等分，其三个等分点作为测点）；$60m^2$ 以上测五点（二对角线上梅花设点）。

所有的人都了解，人在健康状态时，如饮食正常、衣着适宜，人体的体温一般是比较恒定的，人体的体温自行调节在 37℃上下（大致介于 36.2～37.2℃）。仅仅事先给定房间某一温度，并规定此温度针对所有人，这是件太简单的事！但是因为每个人对热的敏感性是不同的。

另外，也不要误解为舒适性仅仅是测量空气温度并使之保持在一定的范围里，还应考虑其他重要的决定性因素，例如空气的运动（流动速度）、空气的湿度、围护结构表面的温度和空气的成分（例如污染物）等。

1.1.3 空气的流动和速度的限制

在夏日的室外温度时，面对电风扇的高速空气流或者在自行车上的迎面风的气流，人体感觉很舒适。在较低的空气温度时，一点点空气的流动就会使人觉得冷飕飕的、甚至不能忍受了。

空气的流动会改善或降低舒适性。如果空气流动强烈，会带走和返回较多的热量。空气流动的大小，人体感觉是否舒适，强烈地依赖于人的年龄、心理状态、活动、衣服……尤其是与空气的温度有关。

保健专家确定，在 20～22℃的空气温度时，人能忍受的空气速度是 0.15～0.2m/s。气流严重地干扰了舒适性，疾病也容易接踵而来。另一方面，一定的空气流动对于散热器热量的输送（通过对流的热量分配）是需要的，同样对于物质的输送（水蒸气和有害物质的排出）也是需要的。创造一种没有空气流动的、推荐几种所谓的纯粹由热辐射来达到的气氛，这不是目标。而且在实际上这种没有流动的空气环境中，人也无法适应。在空气温度和室内围护结构面之间的温差为 2℃时，微弱的空气流动是不可避免的，也是人体舒适性所希望的。

供暖设计需要注意的是：

（1）调节空气流动，使通风均匀的到达房间各处；

（2）空气流速不要超过 0.15m/s，以便于在较低的室内温度时，不会产生不适。

当采用下列措施时，就可以实现没有穿堂风、但是还有空气流动的环境：

（1）要避免产生冷的表面——通过建筑构件良好的绝热来提高窗户和外墙的表面温度

（这点将在下节介绍）。

（2）避免使用刚好满足要求的散热器（小的、紧凑型散热器）；

（3）供暖系统的供水温度降低到 50～55℃（因此，散热器选型就会大一些，它不可避免地具有一个较大的正立面，但是也减少了对流功率，同时按比例提升了辐射功率）；

（4）使用长条形不太高的散热器，它会产生尽可能宽的、较低气流速度的空气圆柱体；特别是在房间的基面不规则时，应用若干个散热器来分配热负荷。

1.1.4 围护结构的内表面温度与空气的温度差——建筑绝热的重要性

空气的温度对人体舒适性的感觉有强烈的影响。当然，周边的表面（窗户、墙体、家具等）温度对人体热的感知度同样重要。这两个指标共同且同步地影响着人体对热的感知度。图 1.1 显示了舒适的范围其实很小。围护结构表面的温度与空气温度的相互影响，决定了舒适性关系的设计。

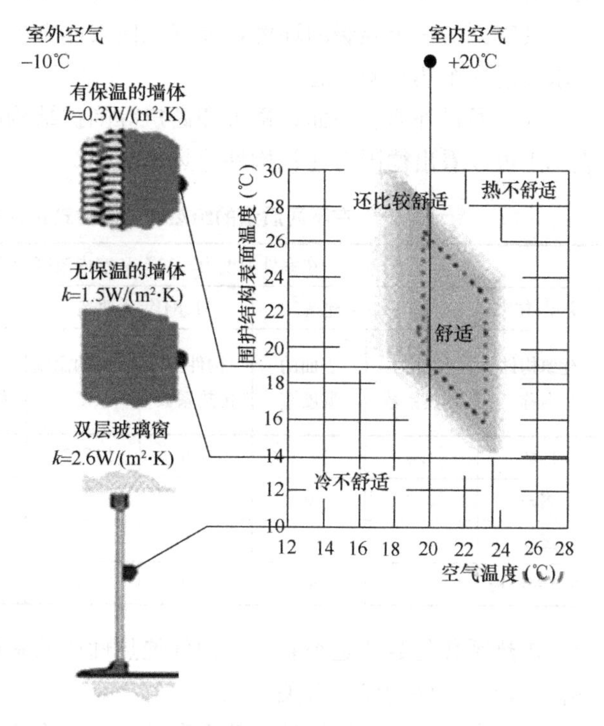

图 1.1 围护结构表面的温度与空气温度对人体舒适性的相互影响

试验证明，使大多数人感到舒适的环境是：

（1）空气的温度与围护结构表面的温度之间的平均值约在 20℃时；

（2）空气的温度与围护结构表面的温度差不超过 3℃时；

（3）地板与天花板之间的温度差同样也不要超过 3℃时。

所以由图 1.1 可以看到，例如在室内空气温度为 19℃时，外墙的内表面最低温度不能低于 16℃。要实现这个条件，与该建筑构件的绝热特性有关。绝热很好的围护结构表面温度可以接近室内空气温度。如果相反，绝热差，那么它们在较长的加热时间后，仍然远低于室内空气温度。这对于舒适性有严重的影响。如果外墙的表面温度下降 1℃，那么人的感觉就好比室内空气温度减少了 1℃。为了平衡这点就必须再加热。

当人站在窗户前面，甚至站在没有窗户的冷的外墙前面时，会感觉到有冷风从头沿着颈椎往下沉。这是因为室内的热空气在冷的外墙和窗户上冷却而下降。墙附近的空气冷却得越厉害，它的下降速度就越大。事实上，这就形成了室内空气运动，即自然通风。

当人体感受到环境温暖时，人体自身发出的热量比以前(例如在其他房间时)要少一些。根据物理学定律，虽然热量总是从比较热的物体转移到比较冷的物体，但温度较低的物体如果其温度根本不太低会怎样呢？很简单，比较热的物体辐射(即转移)的热量就会少一些！

例如，在一个春天有阳光的日子里，下午晚些时候已经变得相当凉了，空气温度仅为

5℃。白天太阳的辐射，加热了房子的南面与西南面的墙。墙的蓄热大，还保持着一些热量。当人在近距离经过这样的墙时，对着墙壁那边的皮肤会感觉到舒适的暖意。人们以为墙体应有较高的温度，但是实际上却相反，它们摸起来是冷的。原因是皮肤散发出的热量至较冷的墙面较少而已。

围护结构表面与空气的温差越小，这种来自于皮肤的热辐射越小。

因为南墙比其他的墙暖和一些，人体散发到这面墙的热量，就要比散发到更冷的墙，例如北墙的热量更少些。如果人体散发出去的热量（或者我们也称之为失去的热量）少些，那么留在我们身上的就是温暖的感觉。所以要实现舒适的温暖感觉，不仅是空气温度决定的。

其实创造一个温暖的环境，关键是使人体少失去热量，此外不妨碍体温的调节。这就要求接近一个热平衡状态。

人们通过外墙、地面、楼板和窗户等围护结构的良好绝热来达到较高的表面温度。从表 1.1 可以看出德国对建筑构件绝热的重视。

在不同质量的绝热时德国建筑构件可以达到的表面温度 **表 1.1**

在室外温度为－10℃和室内温度为＋20℃时的表面温度								
房屋/住宅	1984 年前建造		1984 年后建造		1995 年后建造		2002 年后建造	
建筑构件名称	构件的传热系数	表面的温度℃	构件的传热系数	表面的温度（℃）	构件的传热系数	表面的温度（℃）	构件的传热系数	表面的温度（℃）
墙体	1.4	14.5	0.6	17.7	0.5	18	0.26	19
窗户	5.2	－0.3	2.6	9.9	1.8	13	1.1	16.4
屋顶	1	16.1	0.3	18.8	0.22	19.1	0.16	19.4
下部的楼板	0.8	16.9	0.55	17.8	0.35	18.8	0.19	19.3

传热系数的数值是查看建筑构件绝热性质的常用数据。传热系数与建筑材料本身的导热性、建筑构件的厚度有关。

如果所选用的建筑构件传热系数越小，那么绝热性能越好，表面温度越高，舒适性增加得越多，供暖费用下降得越大，冷凝水的危害就越小。

所以通过改善外墙、窗户，可能的话也可以改善内墙（如果与未供暖房间相邻）的绝热，来减少冷空气的下沉。因为出于费用的考虑，在窗户上的绝热上是不可能随意改善的，所以必须通过供热技术调节控制。原则上，总是将散热器放在窗户下面，并以伸展最长的形式放在整个外墙前面。

实际上，目前在德国大多数住宅中总会有一个或若干个建筑构件（遗憾的是在旧式建筑和我国的建筑物中，是所有的建筑构件）表面温度达不到 18℃以上。虽然德国一个新式的绝热玻璃窗具有相对小的传热系数，该值可达 1.1～1.3W/（m^2·K），大约相当于隔热窗或复合玻璃窗传热系数的一半。但是相对于外墙和楼板来说，窗户的传热系数还是要高出两倍至三倍以上，特别是还有冷风通过窗户的缝隙渗透，造成更大的热损失。在冬天的后果是相对于其他的建筑构件在玻璃内表面温度下降明显。因此，温暖的室内空气在窗户面上急剧变凉，这里引起被冷却的空气因密度增加而下沉。由此造成玻璃的低温表面吸收辐射热。这个问题在我国更加明显。为了避免关键性的下沉空气速度过大，窗户的传热系数不可以超过一定的数值。这个值还与窗户的高度有关（表1.2）。大窗户和玻璃幕墙热损失是可观的，所以我国对此也进行了限制（表1.3）。

窗户高度和传热系数与空气流速的关系（来自德国低能耗房屋研究所）　　表1.2

窗户高度	为了避免下降空气速度大于0.2m/s，窗户最大传热系数（W/（m^2·K））
1.2m	1
1.8m	0.7
3m	0.5

不同朝向、不同窗墙面积比的外窗传热系数　　表1.3

朝　向	窗外环境条件	外窗的传热系数 K（W/（m^2·K））				
		窗墙面积比≥0.25	窗墙面积比 0.25＜且≤0.30	窗墙面积比 0.30＜且≤0.35	窗墙面积比 0.35＜且≤0.45	窗墙面积比 0.45＜且≤0.50
北（偏东60°到偏西60°）	冬季最冷月室外平均气温＞5℃	4.7	4.7	3.2	2.5	—
	冬季最冷月室外平均气温≤5℃	4.7	3.2	3.2	2.5	—
东，西（东或西偏北30°到偏南60°）	无外遮阳措施	4.7	3.2	—	—	—
	有外遮阳措施（其太阳辐射透过率≤20%）	4.7	3.2	3.2	2.5	2.5
南（偏东30°到偏西30°）		4.7	3.2	3.2	2.5	2.5

虽然传热系数小于1的窗户能够制造出来，但是其价格极其昂贵，还没有被市场接受。所以提高室内环境舒适性最合适和最有效的措施，除了改善建筑构件的绝热，还有正确选择和安置散热器，以及相应地确定供暖热水温度，来避免对室内环境舒适性的干扰，防止冷凝水（即霉菌）的产生。

当外墙与窗户绝热不好时，其附近变凉的空气下沉后，分布在地面附近，这个冷的空气层形成了导致脚冷的“冷湖”（即使室内空气温度为26℃，“冷湖”使人感觉也不舒适）。之所以将这个冷的空气层称为“冷湖”，是因为冷空气沉在那里成为一个层面，并能像水一样在地面流动。在德国，测量在楼板和地面之间的温差时有些甚至能达到16℃。所以有些客户即使安装了地暖，感觉仍然不舒适。

如果为此增加地暖加热管的密度（即增加其长度），一方面增加了管材的消耗量（其沿程阻力同时增加，有可能导致供热水泵的扬程达不到要求），地暖系统的造价也随之增加；另一方面随着管长而增加了供暖系统中水的容积（即增加燃气壁挂锅炉的热负荷）。而如果一味地提高供暖系统的水温，一方面会使人体感觉不舒适，另一方面也会影响PE地暖加热管的寿命。

1.1.5　冷凝水的产生与霉菌的发生

通常，如果室内热空气在冷的建筑构件表面变凉，构件表面会变潮湿。原因是空气相对湿度增加了。同时它又导致表面温度进一步下降。遗憾的是，人们不能立刻看出冷凝水在墙上的生成，因为人们不能通过肉眼看到。从“外观的视觉效果”看，某些部分的外墙先转变成潮湿的面，晚些时候可以看到表面滋生霉菌。特别危险的是可能在房间的角落、在踢脚板区域或者在橱柜的后面，那里的温度特别低。在窗户上，由于薄薄的一层雾气刚刚显示就可以看出，而人们在墙体上看出时就太晚了——霉菌已经发生了。

图 1.2 为外墙采用不同的建筑材料、在相同室内外温度与相同湿度的条件时，围护结构内表面具有不同的温度与结露的情况。图 1.3 表示无绝热和有绝热墙体的情况。

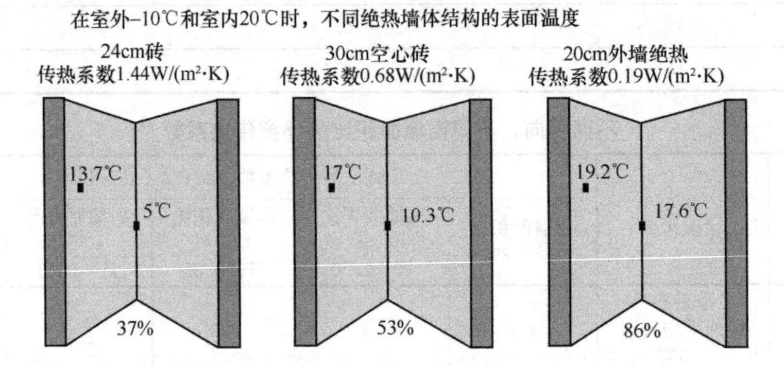

图 1.2　在不同绝热墙体结构时，在相同的室内外温度和绝对湿度条件下，墙角温度的表现与冷凝水的形成

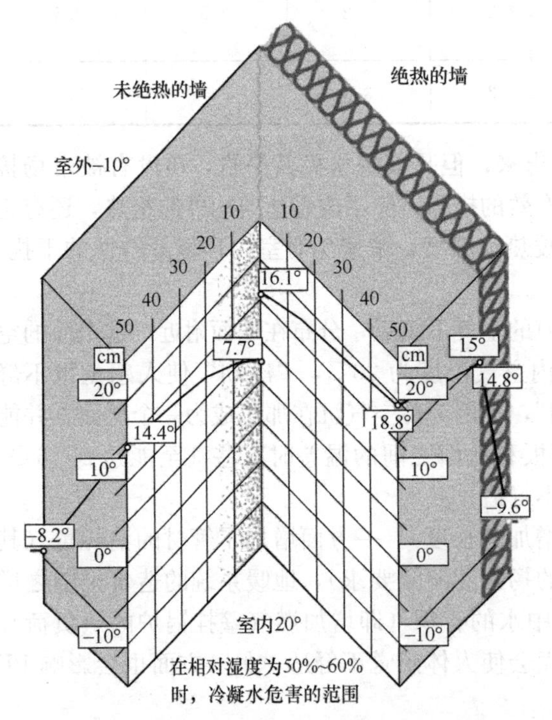

图 1.3　无绝热和有绝热的墙体在相同室内外温度和相同绝对湿度时，墙角内表面的表现（墙角阴影部分为产生霉菌的位置）

1.1.6　建议与客户讨论的问题

当技术人员在与客户讨论设计与安装一个新的供暖系统时，除了材料、设备、附件和安装的价格，一定要首先和客户讨论如下问题：

（1）您的住宅门窗是什么类型的？其密封如何？冷风渗入强烈吗？

（2）您的橱柜后面出现过黑斑吗？

（3）周围环境在什么温度时您感觉特别舒适？

（4）您曾经在哪里、什么时候有暖和舒适的感觉？

（5）在哪里或在谁那儿根本就感觉不到舒适？

（6）或许这根本不是一个舒适的供暖系统？

（7）这些舒适或不舒适的感觉是来自于哪些方面？

（8）您是否经常感觉到脚冷，这种感

觉使人不舒服？

(9) 您是否只在某些位置有脚冷的感觉？

(10) 您是否经常需要房间温度保持在25℃才感到舒适？

(11) 您的家庭有哪些成员、他们的年龄分别是多大？他们对冷热分别有什么喜好？

(12) 您的住宅是哪一类建筑和处于哪个楼层？周围的环境情况如何？

(13) 您对供暖系统的运行价格特别在乎，还是对系统的设计与安装价格特别在乎？

要满足舒适性的最重要的条件是：室内空气温度和围护结构温度的均衡。遗憾的是，创造这样一个平衡不全是供暖设计师与安装人员的课题。

另外，非常重要的是应避免单一追求暖和。对于人体严格的、没有温度波动的要求是很难实现的，唯一可以采取的措施是调节，即根据客户的要求设计调节的对策，调节热量并能使之适合不同的人。

1.2 供暖系统的选择与热负荷计算

1.2.1 供暖系统的选择

根据散热设备的不同，热水供暖系统一般有地暖系统和散热器供暖系统。

一般来说，未装修的或打算重新装修房屋的，可以选择地暖系统，其优点是美观、不占平面空间、舒适。缺点是占高度空间，在层高较低时如果牺牲绝热层厚度，导致能耗较高；地暖不适用于开启和关闭频繁的房屋。

已装修好且不想大动的房屋，宜安装散热器供暖系统，优点是安装快捷，因水温较高，室内温度上升较快。不足是管道明装，不美观，而且由于要考虑散热器的放置和有利于空气的对流，可能要调整房间的摆设布局。

1.2.2 基本耗热量与实际耗热量

无论选用哪种供热方式，首先都要计算围护结构的能量损失，即计算热负荷。

热负荷就是为了使一个房间稳定地保持在例如18℃的温度、向该房间持续供给的热量。它必须等于因为热传导（传导热负荷，或称基本耗热量）和通风（通风热负荷）等产生的热损失总和。

基本耗热量计算一般是先求出每个房间的门、窗、地板、天花板和墙体（扣除门窗面积后）等围护结构的面积和传热系数（由每个围护结构的各层材料、厚度与导热系数计算），将这些参数代入下式：

$$Q_i = F_i K_i \ (t_{in} - t_w) \tag{1-1}$$

式中 Q_i——围护结构基本耗热量，W；

F_i——围护结构面积，m^2；

K_i——围护结构传热系数，$W/(m^2 \cdot K)$；

t_{in}——室内空气温度，℃；

t_w——室外空气温度，℃。

然后考虑围护结构的附加耗热量，例如传热方向、围护结构的朝向、风力、高度等修正系数再次验核；并计算冷风渗透耗热量（即在风力和热压造成的室内外压差作用下，室外的冷空气通过门、窗等缝隙渗入室内，被加热后逸出。把这部分冷空气从室外温度加热到室内温度所消耗的热量）。最后求出每个房间的实际耗热量与整个系统的耗热量。这种计算方法已经有专业软件，在北方的集中供热供暖计算应用很普遍；在南方独立供暖系统设计中最好也采用此法，可以比较严格地控制能耗。

虽然我国冬季各地平均风速不同，但不是很大，一般为 2～3m/s，可不考虑风力修正。房间高度在 4m 以下的也不进行高度修正。

德国的设计施工企业都采用这类专业计算软件。粗放型经济已经不适应现代人的需要，经常会有客户首先问及设计人员所设计的供暖系统能耗如何。而现在我国几乎很少有企业能回答得出。围护结构的建材传热系数还和生产厂家与施工质量有关，即使是同一地区，相差都很大。随着大数据时代的到来，这就要求各个企业花费三～五年的时间去测量、收集和整理，这就要求人们向精细化方向发展。

由于窗户是围护结构的最薄弱环节（表 1.4），建议客户选择绝热比较好的品牌窗户。我国现在已经有传热系数小于 2 的窗户，但是安装质量也应该认真考虑。这一点必须向客户提出，窗户在安装前，了解绝热措施，并且窗户在安装过程中严格监督。

不同窗户的传热系数 **表 1.4**

窗户材料	窗户类型	空气层厚（mm）	窗框窗洞面积比（%）	传热系数 K [W/（$m^2 \cdot K$）]	传热阻 R_0（$m^2 \cdot K/W$）
钢、铝	单层窗	—	20～30	6.4	0.16
	单框双玻璃	12	20～30	3.9	0.26
		16	20～30	3.7	0.27
		20～30	20～30	3.6	0.28
	双层窗	100～140	20～30	3.0	0.33
木、塑料	单层窗	—	30～40	4.7	0.21
	单框双玻璃	12	30～40	2.7	0.37
		16	30～40	2.6	0.38
		20～30	30～40	2.5	0.40
	双层窗	100～140	30～40	2.3	0.43

1.2.3 供暖热负荷面积指标法与体积指标法计算

（1）面积指标法

对于南方地区的独立供暖系统的设计，现在的技术人员大都采用面积指标法粗略地估算：

$$Q = q_i \cdot F_i \tag{1-2}$$

式中 Q——供暖热负荷，W；

q_i——单位面积热负荷指标，W/m^2（表 1.5）；

F_i——房间或整套房屋建筑面积，m^2。

单位面积耗热指标值 **表 1.5**

建筑物类别	单位面积耗热指标（W/m²）	建筑物类别	单位面积耗热指标（W/m²）
住宅	45～80	节能住宅	35～55
办公室	60～90	旅馆	60～80
图书馆	45～75	商店	65～75
单层住宅	80～105	一、二层别墅	100～125
影剧院	79～150	食堂、餐厅	110～140

由于南方夏热冬冷地区，湿度较高，冬季阴雨天较多，即使在与北方相同的温度条件下，人体感觉仍不舒适，所以北方的数据不能完全硬搬；南方地区大部分旧建筑没有外墙外保温，墙体较薄；新建筑物采取的绝热措施也比北方差；许多用户在房屋内没有人时经常关闭供暖系统，而回来后开启供暖系统要求较快地升温；所以在实际上较普遍地采用了120～150W/m²的指标，造成能耗较高。如若按照100W/m²的指标配置，连续运行，并不比前者能耗高。

［例题 1-1］ 某住宅总建筑面积为150m²，客厅面积为30m²，单位面积热负荷指标为100W/m²。试求其供暖总负荷和客厅散热器负荷。

解： 住宅供暖总负荷 $Q = qi \cdot F_i = 150\text{m}^2 \times 100\text{W/m}^2 = 15000\text{W} = 15\text{kW}$

客厅散热器负荷 $Q_1 = 30\text{m}^2 \times 100\text{W/m}^2 = 3000\text{W} = 3\text{kW}$

(2) 体积指标法

如果建筑物体积较大，举架较高（高于4m的房间），如高大厂房、体育馆等，则可利用体积热指标法计算。

$$Q_V = q_V \cdot V \cdot (t_n - t_w) \tag{1-3}$$

式中 Q_V——体积热指标法计算的热负荷，W；

q_V——供暖体积热指标，W/（m ·℃），查表1.6；

V——建筑物的外围体积，m³，按外围尺寸计算；

t_n——供暖室内计算温度，℃；

t_w——供暖室外计算温度，℃。

北京地区民用建筑物体积热指标 **表 1.6**

建筑类型	建筑物体积 V（m³）	体积热指标 q_V［W/（m³·K）］
办公楼、学校	9000～22000	0.36～0.41
医院、幼儿园	9000～35000	0.53～0.57

注：其他地区应根据室外计算温度修正。

1.3 散热器的选型

散热器主要分为两大类，板式对流散热器和片式辐射散热器。前者应计算散热器所需的长度，见式（1-4），后者应计算散热器所需的片数，见式（1-5）。可以根据室内供暖温度、供热热水锅炉的供回水设计温度（参见附表1～附表3）选型。

$$L=\frac{Q}{q} \tag{1-4}$$

式中 L——钢制板式散热器长度，mm；

Q——房间热负荷，W；

q——钢制板式散热器的每米热负荷，W/m。

$$n=\frac{Q}{q} \tag{1-5}$$

式中 n——片式散热器数量，片；

Q——房间热负荷，W；

q——片式散热器的每片热负荷，W/片。

[例题1-2] 某城市采用集中供热，按照当地的气候条件，室内供暖温度要达到18℃，某房间的供暖面积为21m²，按照集中供热热水锅炉的供回水设计温度为95/70℃，每平方米的热负荷为110W。若采用22PKKP钢制板式散热器，高度为600mm，如何选型？

解： $Q=q_i \cdot F_i=110\text{W/m}^2 \cdot 21\ \text{m}^2=2310\text{W}$

查附表1，$q=2373\text{W/m}$，

$$L=\frac{Q}{q}=\frac{2310\text{W}}{2373\text{W/m}}=0.97\text{m}\approx 1\text{m}$$

选高度为600mm、长度为1m的22PKKP钢制板式散热器。

[例题1-3] 条件同上，如果采用壁挂炉来作为热源，壁挂炉的供回水设计温度为80/60℃，房间供暖温度要求达到18℃，若仍采用22PKKP钢制板式散热器，高度为600mm，如何选型？

解： 查附表2，$q=1804\text{W}$，

$$L=\frac{Q}{q}=\frac{2310\text{W}}{1804\text{W/m}}=1.28\text{m}\approx 1.3\text{m}$$

选高度为600mm，长度为1.4m的22PKKP钢制板式散热器。

1.4 生活热水所需燃气加热器的最小功率

1.4.1 生活热水所需即热式燃气加热器的最小功率

家庭中生活热水用水量最大的是沐浴，一个淋浴器的出水量 $q_{min}=5\text{L/min}$，$q_{max}=10\text{L/min}$。淋浴的最佳水温是比人体皮肤温度高8℃，人体的皮肤温度一般在30～32℃，即冬天淋浴的水温在38～40℃。我国南方的水源是地表水，水箱一般在楼顶或未绝热的楼层，入户的生活冷水温度可以低至4～5℃（表1.7）。

冷水计算温度　　表1.7

地　　区	地面水水温（℃）	地下水水温（℃）
第一分区：黑龙江、吉林、内蒙古的全部，辽宁的大部分，河北、山西、陕西偏北部分、宁夏偏东部分	4	6～10

续表

地　区	地面水水温（℃）	地下水水温（℃）
第二分区：北京、天津、山东全部，河北、山西、陕西的大部分，河北北部，甘肃、宁夏、辽宁的南部，青海偏东和江苏偏北的一小部分	4	10～15
第三分区：上海、浙江全部，江西、安徽、江苏的大部分，福建北部，湖南、湖北东部，河南南部	5	15～20
第四分区：广东、台湾全部，广西大部分，福建、云南的南部	10～15	20
第五分区：重庆、贵州全部，四川、云南的大部分，湖南、湖北的西部，陕西和甘肃秦岭以南地区，广西偏北的一小部分	7	15～20

如果取淋浴器出水量为10L/min，生活给水（冷水）温度为5℃，淋浴水温取40℃，那么淋浴所需加热器的功率为：

$$Q = c \cdot m \cdot (t_r - t_l) = 4.2\text{kJ}/(\text{kg} \cdot \text{K}) \times 10\text{kg}/60\text{s} \times (40-5)\text{K} = 24.5\text{kW}$$

所以从生活热水使用的角度考虑，应该至少选24kW的加热器。表1.8为满足各种用水器具要求所需的热水器最小功率。

生活热水所需加热器的最小功率（kW）　　表1.8

使用生活热水的卫生器具	冷水温度（℃）	
	4	10
1个洗脸盆，洗手盆或淋浴器	23	19
1个洗涤盆	29	25
1个100L浴盆	21	17
1个150L浴盆	31	26
1个200L浴盆	42	35

注：1. 浴盆所需的加热功率是指将12min充满浴盆所对应流量的冷水加热至使用水温而需要的加热器功率，其他用水器具的计算流量为其额定流量。
2. 洗涤盆使用水温按50℃计算，其余用水器具按40℃计算。
3. 若需要满足多个卫生器具同时用水的需要，加热器所需要的最小功率为表中对应用水器具所需加热功率之和。

1.4.2 容积式燃气加热器生活热水供应系统的储水箱

如果某用户有多个用水点同时使用生活热水时，供暖和生活热水两用型燃气壁挂炉的水流量不能满足出水量要求，此时就需要选择生活热水储水箱，选择步骤如下：

（1）根据卫生器具的一次热水用水定额、水温及一次使用时间，确定全天的生活热水用水量Q（L）（住宅宜按淋浴设备计算）：

$$Q = \sum qmn \tag{1-6}$$

式中　q——在设定贮水温度下，卫生器具的一次热水用量，L/次；

m——同一种卫生器具的同时使用个数（由设计定）；

n——每一个卫生器具的连续使用次数（由设计定）。

（2）确定储水箱中的热水储存量 Q_1（L）

$$Q_1 = Q\ (t_h - t_1)\ /\ (t_r - t_1) \tag{1-7}$$

式中 Q——全天的生活热水用水量，L；

t_h——混合后实际使用热水温度，℃；

t_r——储水箱中热水的温度，℃；

t_1——生活给水（冷水）温度，℃；

生活热水的使用温度一般在 35～42℃，因为高于 42℃的热水对皮肤有伤害，无法接触。储水箱的热水温度一般在 45～55℃为宜。热水温度较高时，热水通过热辐射造成的热损失较大。若储水箱中热水温度为 55℃，生活给水（冷水）温度为 4℃，混合后实际用水需求水温 40℃，则折合成储水箱存储 60℃的水量为：

$$Q_1 = Q\ (40-4)\ /\ (55-4)$$

（3）计算储水箱的设计容积 V（L）

考虑到热水的热胀冷缩，储水箱的有效容积 $V_{有效}$（L）按照储存量（Q_1）的 50%～85%进行计算，公式如下：

$$V_{有效} = (50\% \sim 80\%) \times Q_1 \tag{1-7.1}$$

考虑到储水箱中还有盘管等所占空间，储水箱的设计容积为：

$$V_{设计} = (1.3 \sim 1.4) \times V_{有效} \tag{1-7.2}$$

式中，1.3～1.4 为容积系数。

（4）储水箱生活热水加热时间 T 的计算

$$T = V_{设计}\ (t_r - t_1)\ /860\mathrm{P} \tag{1-8}$$

式中 P——生活热水储水箱连续加热功率，kW。

若燃气壁挂炉的功率>P，则按照 P 的功率计算；若燃气壁挂炉的功率<P，则按照燃气炉的输出功率计算。

1.5 供暖与生活热水两用型燃气壁挂炉的选择确定

对于两用型燃气供暖炉，分别计算供暖热负荷与生活热水热负荷，然后将二者比较，按照功率大的选择燃气壁挂炉的型号即可。

即热式燃气供暖+热水炉的优点是安装简单，可以节省安装空间，避免热水储存在水箱中的散失热量。缺点是直接加热的水流量小，无法满足瞬时提供大量生活热水的需求。

单供暖型燃气壁挂炉+储水箱供应生活热水系统的优点是家庭中央供应热水系统，可以瞬时提供大量的生活热水，并可根据需要提供即用即热的热水，在满足热水使用需求的同时，提高了热水的舒适性，避免了将管道里的凉水放出，节约水资源。单供暖型燃气壁挂炉+储水箱供应生活热水系统只要分别计算供暖热负荷和储水箱的设计容积即可。

[例题 1-4] 某 350m^{2}的别墅，供暖设计热负荷指标为每平方米 100W，同时有 1 个普通浴缸+1 个淋浴需要提供生活热水。请根据以上条件计算，选择热水炉及水箱。

（注：根据用水定额确定用水指标，普通浴缸用水标准：150L，40℃；淋浴器用水标准：80L，40℃；自来水温度取为 5℃。）

解：（1）计算供暖热负荷

$$100W/m^2 \times 350m^2 = 35000W = 35kW$$

（2）选择水箱

总用水量：150＋80＝230L

根据储水温度55℃，自来水温度为5℃，混合后实际用水需求水温40℃。

水箱储水量：$Q_1 = 230 \times (40-5)/(55-5) = 161L$

$V_{有效} = 161 \times 70\% = 113\ L$

$V_{设计} = 1.3 \times 113 = 146.9L$

选择150L的储水箱

（3）选择燃气壁挂炉

150L水罐（水箱盘管持续加热换热功率＝26kW，此数据由水箱供应商提供）

供暖热负荷35kW＞生活热水所需功率26kW

因此根据燃气炉型号，选用输出功率≥35kW的燃气炉即可。

（4）加热时间的计算

$$T = V_{设计}\ (t_r - t_1)/860P$$
$$= 150 \times (55-5)/(860 \times 26)$$
$$= 0.335h = 20.1min$$

即：150L的储水罐，用36kW的燃气炉加热，将5℃的自来水加热到55℃，需要22.1min。

1.6 设计与绘制独立供暖系统平面图与详图

到现场核对建筑平面图，向客户了解房间家具的摆设与布局，了解楼层的净高、墙体的结构情况、梁柱的位置、热源的位置等。

与客户交流信息：商定散热器的位置、类型，选择供暖系统干管与支管的管材。确定调节控制系统的类型。确定热源的类型。

在现场与客户商讨和绘制施工草图，回来后绘制正式施工平面图与详图。

2 散热器供暖系统干管与支管的安装

2.1 准 备 工 作

2.1.1 信息的收集

（1）阅读供暖系统施工说明和设计图：设计人员向施工人员进行技术交底，现场核对图纸与建筑结构。

（2）查看和了解：安装房间的各类管线、集分水器、家具与设施的位置及走向。了解客户是否有新的增减要求，并记录下来，双方签字。

2.1.2 安装的条件

（1）完成协商和确定：已经与客户和其他工种的工人（如瓦工、电工和生活冷热水安装的管道工等）共同协商，确定了各个房间的洞、槽位置，散热器的位置，散热器与支管的连接方式，供暖干管水平管线位置，管线交叉的处理方案。

（2）完成测量各个供暖房间墙面与地面的相关尺寸，完成绘制施工安装草图。

（3）完成计算：所需材料的用量。

（4）集分水器：已安装好（该内容放在调节控制系统的安装中介绍）。

2.1.3 准备施工的材料

（1）管材：是连接热源与散热器（或地暖加热管）的介质通道（常用的有铝塑复合管、PPR管等）。开箱或开包，检查管材与客户商定好的管材的品牌和规格是否一致，检查该种产品是否有完整的产品合格证，并检查其外观质量，并将检查结果予以记录。

（2）管件与附件：前者用于管道变径、连接、改变方向或进行分流用，后者用于调节和控制介质的流量；检查产品是否有合格证书，检查规格、数量，并将检查结果予以登记。

（3）管卡或勾钉：管卡是用来固定明装管道或部分明装附件的，勾钉是用来固定较长的暗装管道的；检查管卡的规格是否正确，由于有些位置的明装管道需要用绝热套管保温，因此这种管卡的直径应大于管径一至两号；检查管卡的隔声垫是否齐全。

（4）螺杆与螺母：做吊架或固定管卡用，一般为$\phi6$、$\phi8$、$\phi10$等，检查其规格是否正确（例如螺杆与螺母是否匹配），检查外观质量（例如镀锌层是否完好）等。

（5）绝热套管：套在管道的外面，防止热量通过管壁而散失。

（6）管道绝热带：缠在管件和附件的外面，防止热量通过管件或附件而散失。

2.1.4 准备安装的工具

(1) 通用工具：木工铅笔，卷尺，1000mm 钢直尺，水平尺，电动开槽机（或电动切割机）、錾子、手锤，100mm 一字起和十字起，250mm、300mm 活络扳手，整套呆板手；垃圾桶、扫帚、簸箕，小铁铲，电缆盘，冲击电钻。

(2) 专用工具：

① 管道下料工具：管剪，或适用于不同管材的割刀，管道矫直器、铝塑复合管整圆器＋管子去毛刺铰刀等。

② 连接工具：手动或电动卡压钳，或 PPR 管熔焊器等，以及各种管材不同连接方式所需要的工具。

2.2 安装的实施

2.2.1 划线

用尺子与木工铅笔在墙面上划出开孔尺寸线与开墙槽线条；供暖明装管道开孔尺寸和暗装管道开墙槽的宽度与深度见表 2.1。

供暖明装管道开孔尺寸和安装管道开墙槽的宽度与深度（mm）　　**表 2.1**

序号	管道类型	管径	明装保温管道开孔尺寸	暗装管道（宽度×深度）	
				不保温	保温
1	一根供暖管	*DN*15	130×130	90×90	130×130
		*DN*20	135×135	95×95	135×135
		*DN*25	140×140	100×100	140×140
		*DN*32	150×150	110×110	150×150
2	两根供暖管	*DN*15	150×130	150×90	150×130
		*DN*20	180×135	180×95	180×135
		*DN*25	200×140	200×100	200×140
		*DN*32	220×150	220×110	220×150

2.2.2 钻孔

用钻孔机钻孔；或用冲击电钻打孔，然后用錾子修孔。

2.2.3 开墙槽

用切割机在划线上切割，用錾子剔除槽线之间的墙体材料，禁止使用大锤；或用专用开槽机沿划线进行开槽。

2.2.4 安装管道

(1) 矫直管材；

(2) 测量与下料计算：从集分水器或散热器开始，准确测量每段管道管件至管件的毛尺寸，计算管道的下料尺寸；

(3) 下料：用管剪或割刀准确下料，用整圆器整圆管端，将绝热管套在供暖管的外面；

(4) 连接管段；

(5) 固定管道：将连接好的管道用管卡固定，或用钩钉将管子固定在墙槽中。

2.3 安装质量的验收

2.3.1 清除现场及检查敷设管道与图纸的吻合性

清扫施工现场遗留下来的杂物；检查管线敷设的正确性，特别是检查供暖的供水回路、回水回路与生活热水回路之间是否有连接错误。

2.3.2 管道的外观检查

管段的横平竖直与坡度是否符合设计要求；管道的绝热是否做完整，管卡固定是否牢固等。

2.3.3 水压试验

用手压泵对供暖干管与支管进行密封性试验。

(1) 对于明装管道，可以在散热器或地暖加热管安装完毕并连接好后同时进行水压试验。对于暗装管道，则应先进行水压试验或气压试验。

(2) 在系统最高点设置排气阀，手压泵接入点在集分水器泄水口。试验压力先缓慢上升到 0.6MPa，试验时间为 2min。若压降不大于 0.05MPa，未发现渗漏，降压至 0.4MPa，保压 24h，即符合密封性要求。

2.4 注 意 事 项

2.4.1 钻孔与开墙槽

(1) 敷设管线时，避免在梁、柱等受力构件上钻孔。

(2) 尽量避免在外墙开墙槽，以免减弱外墙的保温性能。

(3) 有些钻孔机或冲击电锤的扭力比较大，一般不要让生手操作；若要生手操作，必须交代清楚安全注意事项。

2.4.2 管道的下料

(1) 管材的矫直：铝塑复合管、PE-X 管或 PE-RT 管一般由供应商卷成圆盘提供，或者在运输过程中被挤压变形，因此在安装前必须用管道矫直器矫直。小管径的铝塑复合管一般可以用手动管道矫直器（图 2.1）矫直。矫直时，需要分 2～3 次进行，否则一是不易拉动，二是矫枉过正、将管道挤压变形。

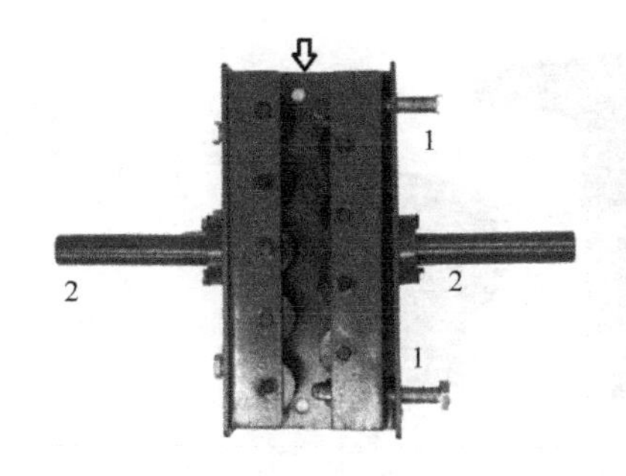

图 2.1　手动管道矫直器

1—调节螺栓：根据管径调整夹持管道的间距；2—手柄：可以一人或两人握持牵拉，也可以夹持在台虎钳上，牵拉管子。箭头：表示需矫直管子穿入的方向。

(2) 管段的下料：

① 用管剪下料：必须将管端剪整齐；因为剪斜了，在卡套卡压式连接时，管端短的部分压得少，容易出现密封不严而漏水。管端倾斜误差若超过 3mm，可以通过卡套（卡压管筒）上的观察孔检查出来（图 2.2）。但是在现场，若管子的一端已经装配固定好了，而另一端剪斜了，且面向墙面或地面这一侧管端无法旋转，靠近墙面或地面的一侧管端就无法观察得到，这就需要施工人员事先细心认真地操作。而且当管剪使用时间过长或经常剪切管径过大的管材，导致剪刀的铆接处松动，下料时也会使切口倾斜；所以这种管剪不能再使用，而应予以淘汰。

(*a*)　　　　(*b*)

图 2.2　管段剪切下料后直与不直的比较

(*a*) 管端剪斜后，管端只充满部分观察孔；(*b*) 管端剪整齐了，管端充满整个观察孔

② 用割刀下料：不同的管材应使用不同的割刀，且下料时，应避免每次进刀量太大（图 2.3），因为小口径的金属管管壁普遍较薄，易使管段端截面变径和变形严重。割刀的刀片变钝后应立即更换。

(3) 铝塑复合管或塑料管端部的整圆：用管剪下料时，剪切力会将管端挤压变形，导致管件不易插入管端，且卡压后密封不严而易漏水；所以在连接前必须用专用工具进行整圆（图 2.4），最好选用带金属倒角刀的整圆器；而且整圆也必须到位，如若整圆不到位，卡压时不易压紧，在日后运行的时候因为管道热胀冷缩仍然可能导致漏水；若倒角不全，插入管材时费力或损坏密封圈。

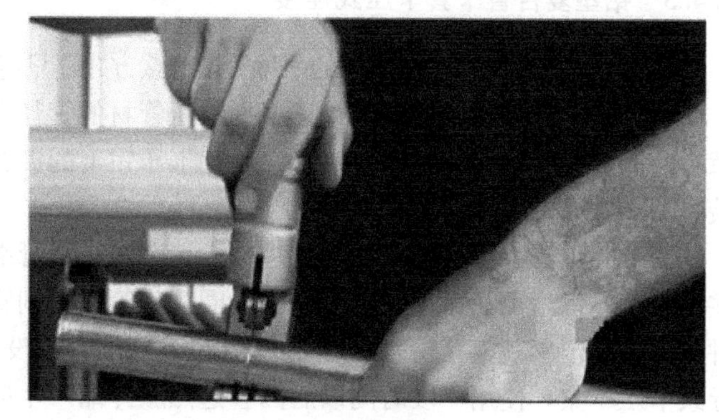
图 2.3　金属管用割刀下料

(4) 清除管端毛刺：管段下料后，在管端产生的毛刺会影响卡压连接时不密封或损伤

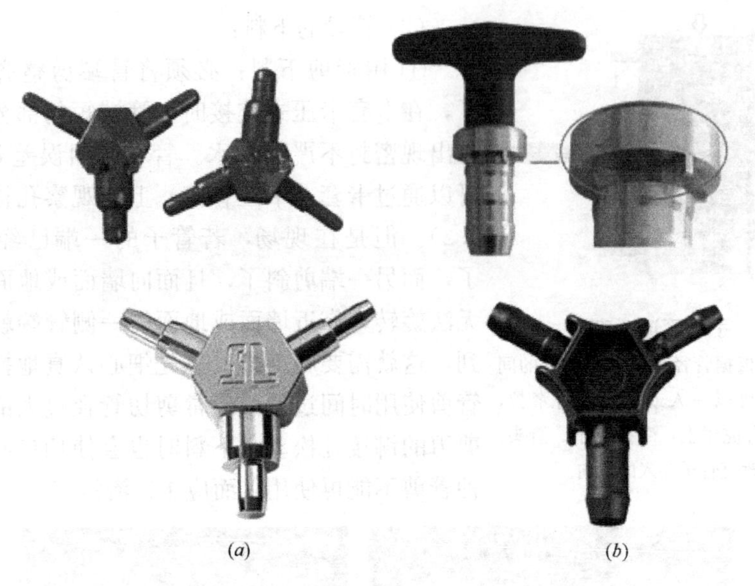
(a)　(b)

图 2.4　不同形式的铝塑复合管整圆器

(a) 普通整圆器；(b) 带刀整圆器

密封环，或增加管道局部阻力，或易使金属管道产生锈蚀，或在运行中逐渐脱落后随热水流动，易导致附件、燃气壁挂炉的通道堵塞。所以在管段与管件连接前，必须用专用工具清除毛刺。有些铝塑复合管或塑料管整圆器本身就含有去毛刺的结构（图 2.4b）。金属管一般采用不同类型的铰刀（图 2.5）分别清除内壁和外壁上的毛刺。

图 2.5　用于不同管材的去毛刺铰刀

2.4.3　铝塑复合管卡套卡压式连接

卡套卡压式连接是比较简单的一种管道连接方式，只需要一把手动或电动卡压钳即可。

(1) 手动卡压钳的安装：首先根据卡压管材的管径选择夹头。在安装夹头时，必须注意夹头的安装方向，不能安装错了，否则卡压钳上的夹头合不拢。图 2.6 是夹头正确的安装，图 2.7 是夹头错误的安装。

(2) 管道在下好料后，先将管道穿入卡套内；在管端插入管件前，应在管件上涂抹一些洗涤剂，以增加润滑度防止擦伤密封圈。将管端插到管件上后，把管道上的卡套推到管件一侧，从卡套观察孔检查管端是否全部插到位。若没有完全插到位（图 2.10b），也会导致卡压不紧，使用一段时间以后因管道热胀冷缩产生应力而漏水。为了管材追溯和口碑宣传，在明装时，不做绝热的管道应将印有商标和数据的一面宜朝向墙外侧或朝向上方。

(3) 用卡钳卡压时应一次性夹到位。最好选用电动液压卡钳（图 2.8），因为手动式卡压钳手柄张角较大（图 2.9），当操作空间有限或操作位置有时不易使力，或有些工人力气比较小时，不能正确地卡压到位，也会导致以后系统运行时因管道热胀冷缩而使接头处漏水。在连接极短管段时，手动或电动卡压钳较难伸入卡压位置，因而也不易卡压合格。由于各个厂家生产的管子外径有差异，卡压钳就不可能都匹配通用；所以不同的管材生产厂家必须指定卡压钳生产厂家（国外厂家通常是这样要求的）。

图 2.6　卡压钳上夹头的正确安装

（*a*）夹头正确的安装方向：夹头下侧含平直的一端先进入卡压钳；（*b*）卡压钳在卡压时，夹头能正常合拢

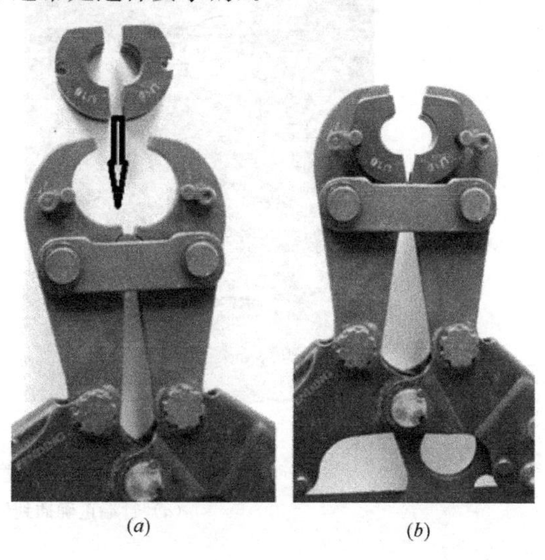

图 2.7　卡压钳上夹头的错误安装

（*a*）夹头错误的安装方向：夹头下侧为圆弧的一端先进入卡压钳；（*b*）卡压钳在卡压时，由于卡环下部相抵，上部无法正常合拢

图 2.8　电池式电动铝塑复合管卡压钳

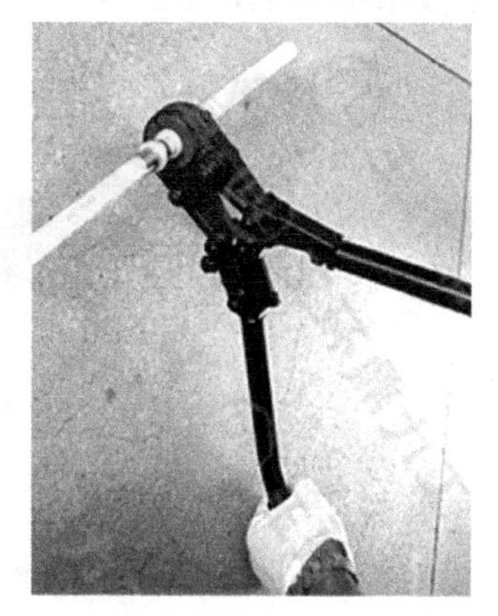

图 2.9　手动卡压钳手柄张角较大，操作空间较小时施展不开，连接处不易压紧

（4）由于进口的铝塑复合管管材质量好，价格较易被常人接受。但是进口卡压式管件比较贵，因此一些经销商往往在工程中建议客户采用进口管材和国产管件，这里有一个尺寸偏差的匹配问题。因为产品标准中铝塑复合管规定管壁厚度允许有＋0.3mm 误差；进口厂家生产管材时，为了保证质量，管材壁厚的尺寸一般往上偏差靠（例如标准壁厚＋0.2mm）；而国内厂家生产管件时，为了节省材料，管件直径一般往下偏差靠，甚至为－0.1～－0.2mm，导致两者连接时产生的间隙匹配不好，导致管端在插到管件上时会擦

伤密封环或卡压不到位而漏水。所以，在订制这类管件时，应对国内生产厂家提供的管件提出偏差的限制要求，或者全部采用同一生产厂家的管材和管件。

(*a*)

(*b*)

图 2.10　管端插入管件正确与错误的比较

(*a*) 管端正确插到位；(*b*) 管端未插到位

2.4.4　铝塑复合管的直接卡压式连接

铝塑复合管卡压式连接还有一种无卡套的连接方式（图 2.11）。这种连接是将下好料的管道直接套在管件上，不加卡套，直接用手动或电动卡压钳卡压即可。

(*a*)

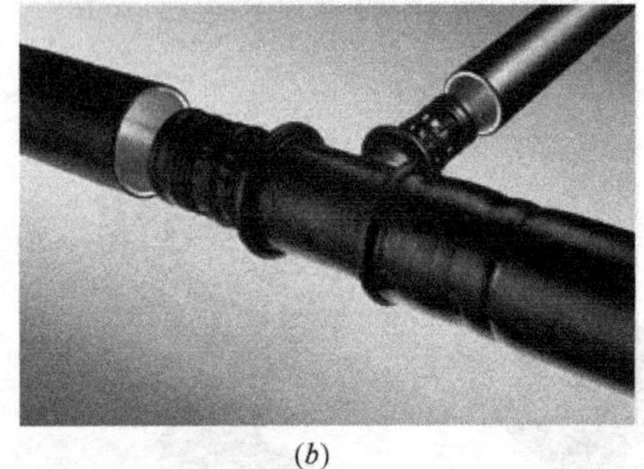

(*b*)

图 2.11　无卡套铝塑复合管的连接图

(*a*) 无卡套卡压式连接管件；(*b*) 无卡套铝塑复合管的插入与卡压连接

图 2.12　铝塑复合管与 PE-RT（X）管采用 C 形压环＋锁紧螺母连接形式

2.4.5　铝塑复合管与 PE-RT（X）管的可拆卸式卡压连接（卡套连接）

铝塑复合管与 PE-RT（X）管还有一种可拆卸式的卡套连接方式，即采用 C 形压环＋锁紧螺母连接（图 2.12），安装也比较简单，只需要一把扳手，但是需要向施工人员提醒：

（1）第一，在下料后，管道的管端也

需要整圆和清除毛刺。第二，在管端插入管件前，先将C形压环套在管段上，在管件上涂抹一些洗涤剂，以增加润滑度，缓慢将管件插入管道内，以免擦伤密封环。然后用手把锁紧螺母旋上。第三，应该使用固定扳手（即呆扳）旋紧；不允许使用管钳，以免夹伤锁紧螺母，影响美观和容易引起锈蚀。

（2）因为铝塑复合管与PE-RT（X）管采用的C形压环由黄铜材料制成，在较高的热水温度和长时间不变的锁紧螺母的应力同时作用下，C形压环的塑性变形会随时间的延长而缓慢增长（即发生金属蠕变），可能会导致渗漏。所以，在初次旋紧螺母时不要过于用力，感觉适当即可；使用一段时间后（例如经过一个供暖周期，或半年至一年后）再旋紧调整一次。特别是当材质选择和热处理不当，渗漏会较严重，所以应该选择质量过硬的厂家。

2.4.6 塑料管与铝塑复合管的推移式卡套连接

PE-X管、PE-RT管和铝塑复合管也常采用推移式卡套连接方式，它是利用一个滑移套筒将管道外端部紧紧地压在管件连接处。这种连接方式出现问题相对少一些，因为它的连接情况可以依靠视觉直接观察得到，即可以清楚地看到管端是否完全套在管件上，套筒是否正确地套在管端上，操作人员可以立刻判断管道与管件连接的好坏。但是这种连接形式所需要的工具较多，整套工具的价格也比较贵，一些施工企业舍不得花这个钱。

（1）连接操作工具：管剪，胀管器，手提或电动式液压套筒推移钳等（图2.13）。

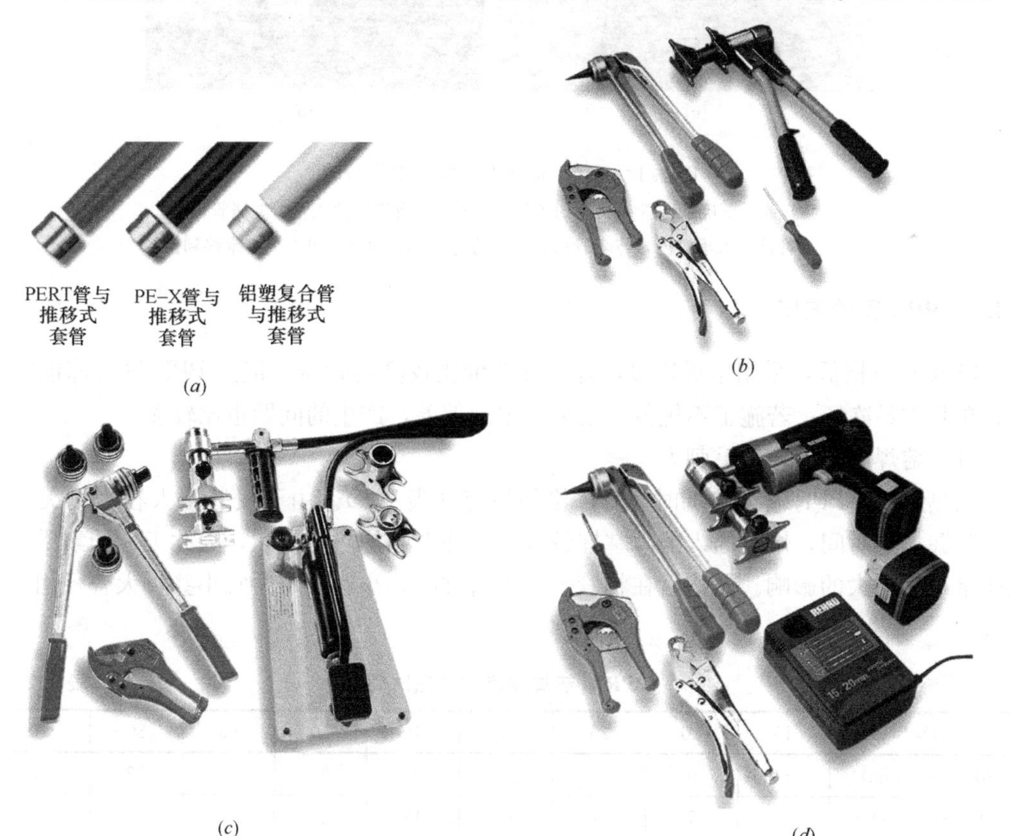

图2.13 推移式卡套连接的工具

（*a*）几种不同管材及其推移式卡套套管；（*b*）手动推移式卡套连接工具；（*c*）脚踏推移式卡套连接工具；（*d*）充电电池式电动推移式卡套连接工具

（2）操作步骤（图 2.14）

① 先正确选择一个胀管器的扩管头（即管径扩孔要正确），装配到扩孔锥上；将连接管子插入滑移式套筒内（注意：如果先胀承口，套筒就无法套入管端了）。用胀管器把管端胀一个承口。

② 然后将管件插入承口，用专用滑移卡钳将套筒推到位。

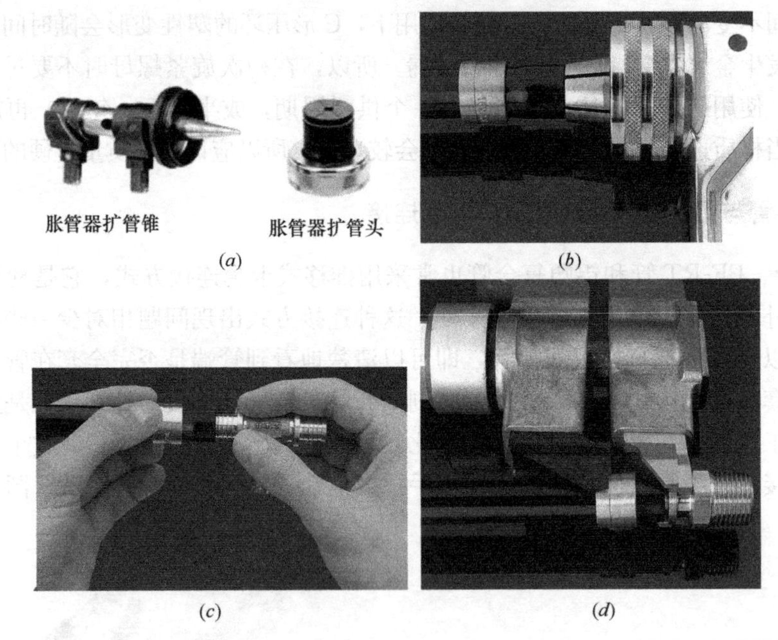

(*a*) (*b*)

(*c*) (*d*)

图 2.14　滑移卡套式连接的操作步骤

(*a*) 选择正确的胀管头安装到扩管锥上；(*b*) 将管子插入套管并胀管；
(*c*) 将管件插入承口内，将套管移到承口边缘；(*d*) 用液压钳将卡套推移到位

2.4.7　PPR 管的连接

PPR 管价格低，采用熔焊连接，是一种性价比较高的管材。但是 PPR 管防冻能力不高，在北方易冻坏；若施工不规范，或采购出现偏差，产生的问题也比较多。

（1）熔焊产生的环形毛刺大

在热熔时，PPR 管加热的时间有严格的规定（表 2.2）。由于安装工人在现场无法准确地掌握加热时间，熔焊插入的力掌握较难，无法看到加热的现状，因此工人的素质对安装质量产生极大的影响。热熔后在将管子插入管件时，小管径用力宜小些，大管径用力宜大些。

PPR 管热焊深度和加热时间　　　　**表 2.2**

DN	15	20	25	32	40	50	65	80	100
热敷深度（mm）	14	16	20	21	22.5	24	26	32	38.5
加热时间（s）	5	7	8	12	18	24	30	40	50
加工时间（s）	4	4	4	6	6	6	10	10	15
冷却时间（s）	3	3	4	4	5	6	8	8	10

例如 $DN15$ 的 PPR 管在熔焊前需要加热约 5s（环境温度在 5℃以下时，应增加 20% 的时间），但是若管道工加热管子时间短于 5s，则在管道系统使用一段时间后，该连接点由于焊接不牢可能产生渗漏；若管道工加热管子时间长于 5s，软化的管端在插入管件时受到管件的挤压而隆起，形成的环形毛刺较大。我们曾在培训中抽检了 8 个 $DN15$ 熔焊试样，除了两个毛刺长度在 2mm 以内，其余的毛刺长度都大于或等于 2mm（图 2.15），最长的在 4mm 以上。若按 2mm 的毛刺计算，$DN15$ 管子连接处减少的横截面面积几乎为原来的一半：

$$\frac{\frac{\pi}{4}\cdot[d^2-(d-2\cdot\delta)^2]}{\frac{\pi}{4}\cdot d^2}\times100\%=\frac{\frac{\pi}{4}\times[15^2-(15-2\cdot2)^2]}{\frac{\pi}{4}\times15^2}\times100\%$$

$$=\frac{225-121}{225}\times100\%=46.2\%$$

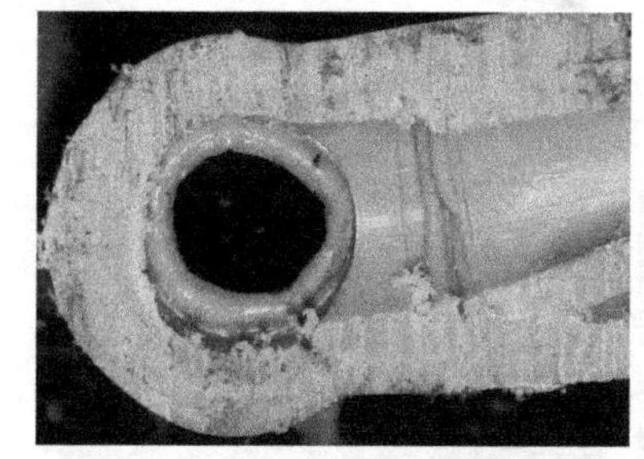

熔焊5s后毛刺为2mm

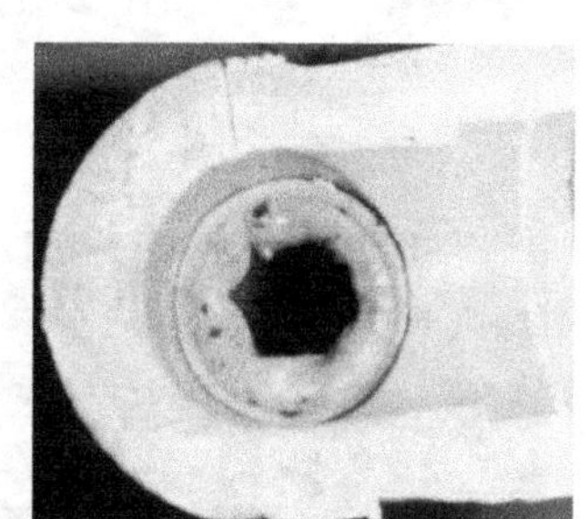

熔焊10s后毛刺为4mm以上

图 2.15　PPR 管熔焊时产生的环形毛刺

这个弊病将会使管道系统的局部阻力明显增大。在热水供暖系统中，会使局部热水流量大大减少而导致部分散热器始终无法满足供热要求。这种案例在实际工程中发现很多。特别是在一些位置上，有些工人使用了两个或两个以上的串联管件后，虽然管段比较短，但散热器明显不热。施工人员在客户那里无论怎样开大阀门，更换各种附件或设备，也无济于事，而且还找不到原因。因为在工地现场出现这种问题时，技术人员是不可能把所有的连接点进行破坏性检查的。因此，这就要求设计人员在考虑水力计算时，有意地放大管径或提高增压设备的功率，而导致成本或能耗增加。目前，我们已发现在一些设计和家庭装修中取消了 $DN15$ 管子的使用，最小管径为 $DN20$ 的。这就使得造价增加，要求墙槽切得更深、更宽，对墙体的保温性能破坏更大。

(2) 现在 PPR 管的熔焊器制作合格的不多，因为一是缺少部件（下面专门叙述）；二是生产厂家为了节省材料，底座采用很薄的白铁皮，造成上重下轻而不稳。操作时，往往需要另一个工人帮助稳住。由于熔焊器放不正，熔焊时管端加热就不正，连接易发生歪斜，以后在长时间的运行时，由于热应力作用而出现泄漏。

(3) PPR 管在下料后也必须清除毛刺，而且管端外表面还应进行刮削处理，这样可以去除管端外表面的氧化层与油污，同时使熔焊产生的环形毛刺也小一些。但是我国熔焊器上普遍没有这套刮削刀具，而且我国各 PPR 管生产厂家提供的管材外径偏差较大，使操作人员不易掌握刮削量。PPR 管正确的连接步骤见图 2.16。

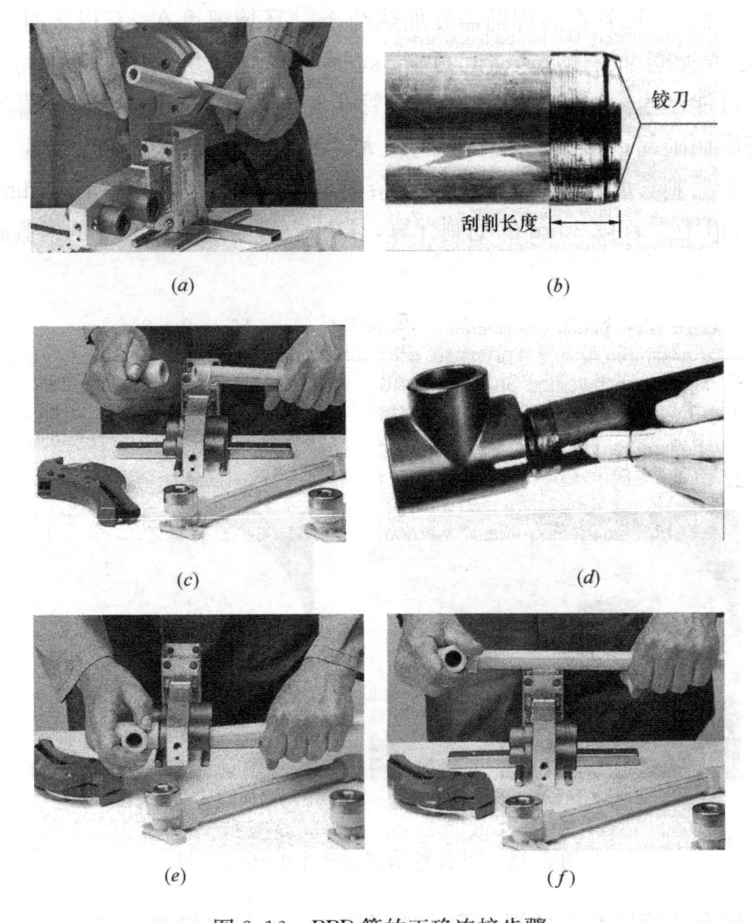

图 2.16　PPR 管的正确连接步骤

(*a*) PPR 管下料并清除毛刺；(*b*) 去毛刺和刮削刀具；(*c*) 刮削 PPR 管端外表面；
(*d*) 划记号线；(*e*) 加热管件内表面与管端外表面；(*f*) 对准记号，连接管子

(4) PPR 管虽然熔焊简捷，但是在加热后，准确快速地把持管件的方向不容易掌握。因为管子和管件加热软化后，连接时间很短，独立供暖常采用小管径的管子，只留有约 3～4s的时间，要想在这样短的时间里将管件（例如三通、弯头）矫正不容易。所以当管件连接不正后，在安装整段管路系统时，采用管卡将三通、弯头等管件硬性扳正，则会使管道系统长时间承受较大的应力，导致一些熔焊不好的位置在使用一段时间后容易产生泄漏。所以在熔焊前，应按照图 2.16 (*d*) 先预安装，用笔画标记线；在正式连接时只要对齐该标记线就可以了。

图 2.17　优质 PPR 管破坏性试验（按标准工艺加热 5s 熔焊后，在扭曲力的作用下，连接处没有脱落，管段也无损坏）

(5) 有些厂家为压低价格竞争而掺入很多无机物或废旧塑料，致使管材的熔焊粘接性能下降，寿命降低。因此建议设计、施工单位和用户在采购时，要对 PPR 塑料管的质量严格把关。例如我们曾经采购了不同价格的 PPR 管，

制作相同的管段，都是加热5s熔焊而成，进行破坏性试验。结果是优质产品的所有连接处在受扭曲力后经受住了考验（图2.17），而产品质量差的被拧脱落下来或管子开裂（图2.18）。而且从图2.18还可以明显看出，质量差的PPR管熔焊位置处熔化的成分较少，导致焊接不牢。

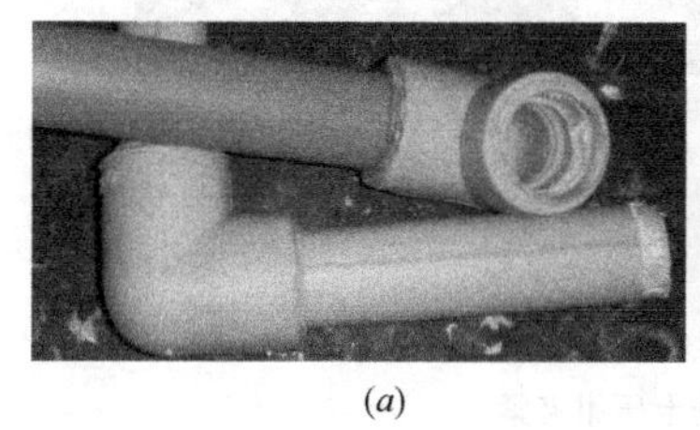

(a)

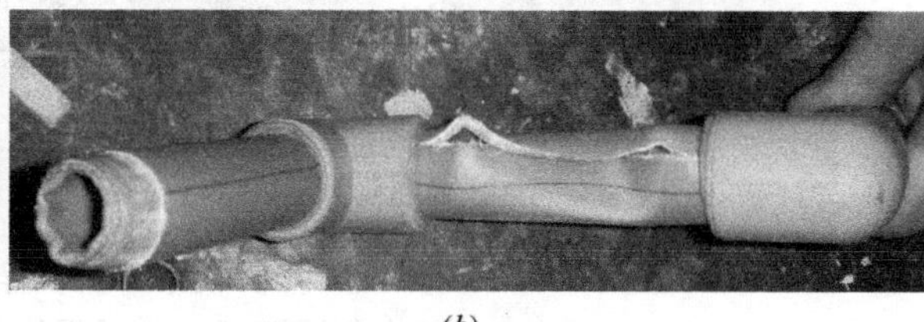

(b)

图2.18 质量差的PPR管材的破坏性试验

(a) 在加热5s熔焊后，管段在扭曲力的作用被拉扯下来，焊接处明显没有完全熔化，说明管材原料中掺入了较多的不会熔化的杂质；(b) 在加热5s熔焊后，管段在扭曲力的作用下产生开裂，说明管材不纯、较脆

(6) 管件不要轻易拆包装，随用随取，以免落灰或沾染油污。PPR管件与管子熔焊前宜放在干净位置。若施工现场较脏时，熔焊前用干净抹布擦去油、灰，否则影响熔焊质量。

2.4.8 PPR稳态管

由于PPR管的刚性不好，明装管道易变形，不美观，且不具有阻氧能力，一些厂家在PPR管的外面加了一层铝皮（称为稳态管）。在熔焊前，需要用专用的剥皮工具（图2.19）将管端插入到管件的那一段铝皮剥去，其余的连接操作步骤和注意事项与普通PPR管一样。PPR稳态管的安装要点是：

(1) 铝层要剥干净，否则会影响熔焊质量。

(2) 熔焊前将管端内外的毛刺和切割碎屑等脏物清除干净，否则在运行时会在系统中产生堵塞。

图2.19 PPR稳态管剥皮器

2.4.9 卡压式镀锌钢管

在独立供暖系统的施工中，使用的有一种金属管子是外壁镀锌的碳钢管。这种镀锌钢管采用卡压式连接（图2.20）。操作中用割刀下料（类似图2.3中割刀），在清除内、外壁上的毛刺后，插入管件内，用手动或电动卡压钳压紧连接处。

这种镀锌钢管外形美观、刚性好，管材价格不高，连接快捷方便；缺点是管件较贵，电动工具较贵，在操作狭小的位置不易压紧。卡压式连接的外镀锌碳钢管在欧洲使用较普遍。我国现在使用也越来越多，但是有部分厂家在生产中采用的钢材质量较差、管壁较薄（被称为“铁皮管”），采购时应尽量注意比较，优先选择品牌产品。国外厂家一般对卡压连接要有10年质保期。

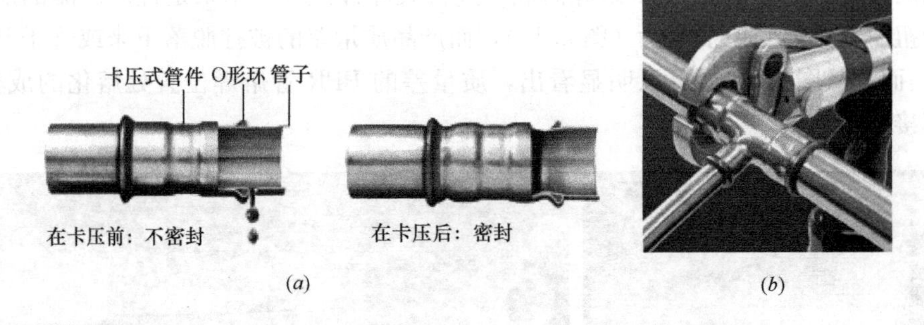

图 2.20 卡压式连接的外镀锌碳钢管

(*a*) 卡压式连接原理图；(*b*) 采用电动卡压钳夹紧

2.4.10 金属螺纹连接件

在供暖系统中有许多螺纹连接件，例如管件与阀门等。在施工中，一些工人由于操作不当，也会产生许多问题。图 2.21 显示的产生裂纹的螺纹连接件，是因为工人在缠生料带时，只缠了 5～6 层，当用管钳上紧时力量又较大，金属管件被挤压逐渐开裂。很多裂纹甚至在供暖系统运行几个月到大半年以上的时间后，才开始逐渐显现，导致渗水和漏水。

图 2.21 由于生料带缠得太少（只有 5 层左右）、螺纹连接时上紧力又较大，导致螺纹管件长期受力逐渐开裂而漏水

在连接螺纹管件时，正确的操作步骤应该是：

(1) 首先用锯条将管道或管件的外螺纹刮毛糙，使得麻丝或生料带在缠上后被钩住而不易随管件的旋转而转动。

(2) 沿管件旋转方向缠紧麻丝或生料带（后者一般应缠 20 层左右，根据生料带的厚度与管径而定）。

(3) 用钢丝刷将缠上的麻丝沿旋紧方向刷紧，或用手将麻丝或生料带旋紧；选麻丝为填料时需要涂一层铅油。

(4) 用手将管件或附件旋上，直至旋不动为止；用管钳上紧螺纹连接件，同时注意连接件（例如三通支管的接口、阀门的操作手柄等）方向要到位，既不能过，也不能欠，上紧力也要注意适当（特别是现在一些厂家生产的黄铜材料制作的管件，含铜量较低，杂质较多，更易开裂）。

(5) 用锯条清除露出管件的麻丝或生料带。

作为螺纹连接件的填料，最好选用麻丝，既便宜又不易漏水；尤其是当管件接口方向旋过头了，即使往回倒半圈后也不易出现漏水。麻丝的缺点是施工过程中要使用铅油，手易弄脏，施工麻烦而不受工人欢迎。生料带的优点是操作快捷、干净；缺点是比较贵，且在上紧螺纹连接件时不允许往回倒（即使只倒回一点，也肯定会产生漏水）。这就造成管件或阀门不拧到位时则可能渗漏，拧过头时则连接不正、同时使管件与管段长期受力而可能损坏或渗漏。

2.4.11 金属管道的法兰连接

现在，一些小的宾馆或一些建筑物的部分楼层商业与办公等区域也需要用到供暖和生活热水，他们的热负荷或生活热水用量虽然要比家庭大许多，但比集中式的总量要小得多，一般采用若干台燃气壁挂炉并联安装（最多可达 8～10 台并联）。这类供暖系统的供回水管与热水管的管径比较大，在与集分水器、隔离罐、控制附件等连接时需要用到法兰连接。

目前，法兰连接中最大的问题主要是法兰产品本身不合格和法兰连接不合格。

现在市场上销售的一些法兰存在的质量问题有：

① 法兰的钢材不合格，耐压强度较低，在使用若干个月或若干年后，出现渗水。

② 一些生产厂家为了减少耗钢量、降低价格，将法兰的外径减小，使法兰的螺栓孔外缘距法兰的边缘太近，小于 5mm（图 2.22）。在螺栓紧固时，易使法兰边缘逐渐破裂。

正确的法兰连接操作应按如下步骤进行：

在小型供暖系统中，可以采用螺纹连接的法兰（图 2.23）。

法兰连接前，应先检查两个法兰是否平行（法兰平行度偏差≤法兰外径的 1.5%）和法兰的连接面是否清洁。在检查两个法兰螺栓孔同心度时，若螺栓无法穿过，应进行铰孔（而不是扩孔），或者重新调整法兰。

热水管道的法兰垫片应禁用橡胶材质，选用石棉垫片。

法兰连接时，应采用同一规格的螺栓；螺栓的垫片只能使用一片；螺栓的插入方向应一致。

拧紧固定螺栓时，应按对称的顺序或十字法顺序，分几次拧紧。紧固后伸出螺母的螺栓长度一般不宜超过螺距的两倍。

图 2.22 法兰孔外缘距离法兰外边缘太近（只有 1～2mm）

图 2.23 螺纹连接的法兰，连接处没有清理干净

2.4.12 铜管的钎焊连接

在一些条件好的家庭供暖系统中，乐意采用铜管。虽然铜管的价格高，但是由于铜管美观，便于弯制（图 2.24，即无需弯头），三通也可以自制（图 2.25，只需焊接分支点，节省了两个焊点，也就消除了两个可能渗漏的隐患点）由于节省了管件的材料费用和安装费用，因此其总的造价并没有高出很多。不过施工单位需要购置一些专用工具，对工人的操作技能需要进行专门的培训。因为牵涉到动火，施工时需要小心。

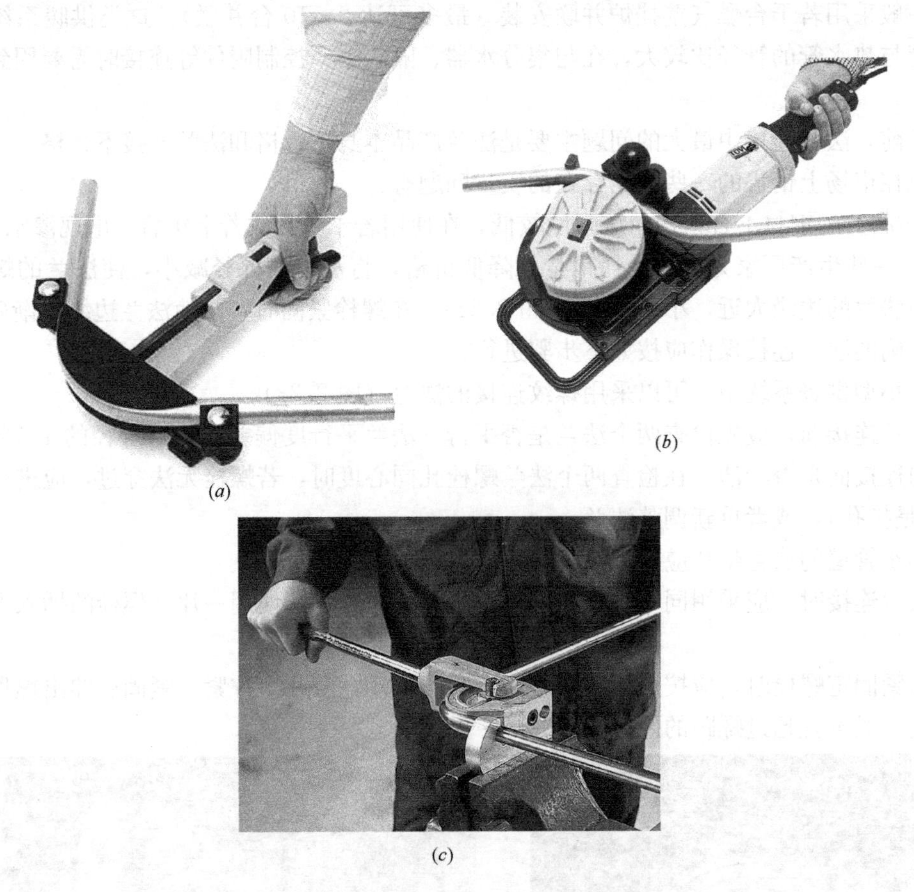

(*a*) (*b*) (*c*)

图 2.24 用不同的弯管器制作铜管的弯头

（*a*）手动液压弯管器；（*b*）手提式电动液压弯管器；（*c*）全手动弯管器，固定在台虎钳上操作。弯曲角度与弯曲半径可以调节

铜管的钎焊承口可以用扩管器自制（图 2.26）。

铜管钎焊的原理是采用比母材熔点低的金属材料做钎料，将焊件和钎料加热到高于钎料熔点，低于母材熔化温度，利用液态钎料润湿母材，填充接头间隙并与母材相互扩散（即毛细管作用）实现连接焊件的方法。毛细管作用中，有母材向液态钎料的溶解和钎料组分向母材的扩散，依靠不同物质间的分子或原子之间的引力连接起来。为了改善润湿作用，钎焊前必须用砂纸或钢丝球将插入管端的外壁与承口的内壁上的氧化层清除干净，以及使用钎剂清除钎料和母材表面的氧化物，不得沾染油污。要使得毛细管作用明显，承口

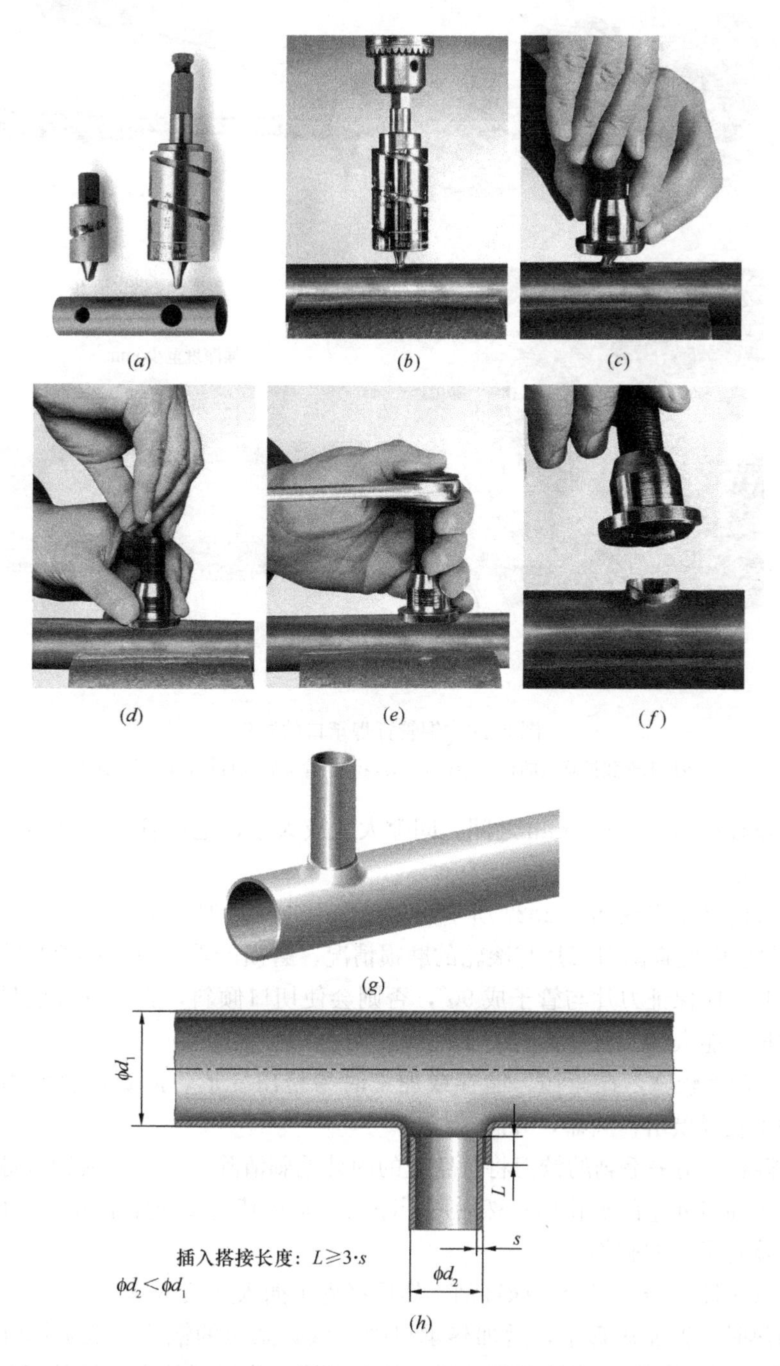

图 2.25　铜管三通的制作步骤示意图

(*a*) 选择开孔钻头；(*b*) 在铜管上开三通孔；(*c*) 将制颈器下端插入孔中；(*d*) 手动旋紧制颈器；(*e*) 用套筒扳手旋转制颈器；(*f*) 制颈器到位后松开、取下；(*g*) 将连接支管插入三通承口颈内；(*h*) 三通承口颈承插搭接的长度

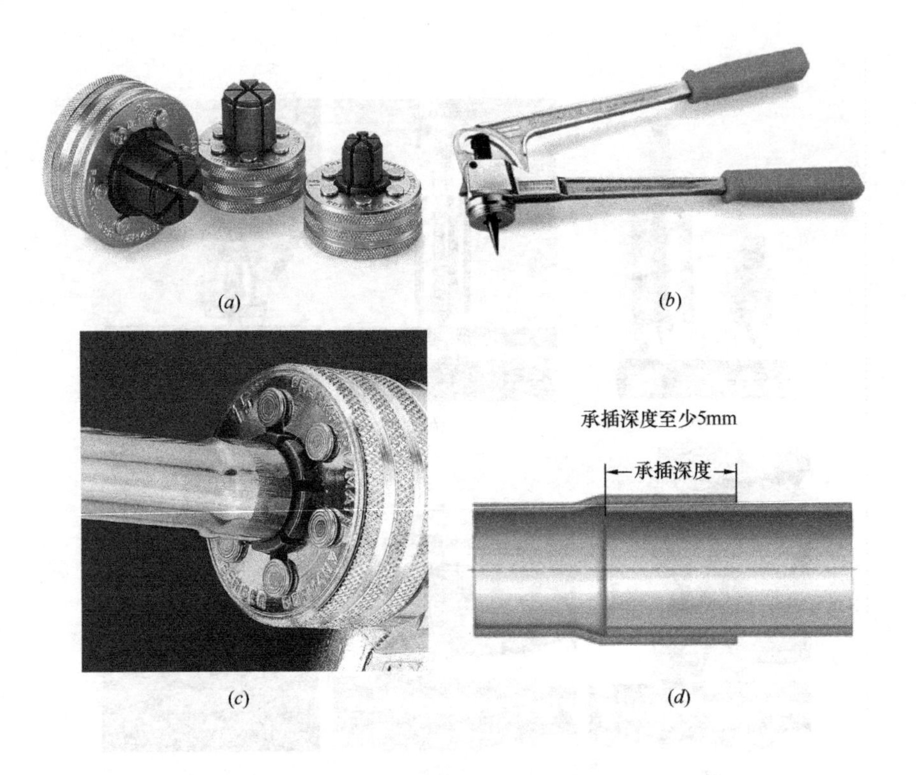

图 2.26　铜管钎焊承口的制作

（a）扩管头；（b）未安装扩管头的扩管器；（c）安装了扩管头后进行扩管；（d）钎焊前的承插深度

与插口的间隙宜在 0.05～0.3mm 之间。间隙太大或太小，毛细管作用都不明显，都会严重影响钎焊质量。

钎焊连接的操作步骤如图 2.27 所示，在操作中应注意如下几点：

（1）下料前应检查割刀刀片与滚轮的磨损情况，磨损严重的应更换刀片或割刀；割刀在夹持管子时，应保证刀片与管子成 90°，否则会使切口倾斜，影响钎焊质量。用割刀下料时，进刀量不能太大，以免造成管子缩径较大。

（2）因为铜管较软，在运输、储存或加工时易挤压变形，需要用整圆器整圆。整圆时，应用锤子轻轻敲击整圆器，并旋转拔出。

（3）下料后，用去毛刺的铰刀将管壁上的内外毛刺清除；用砂纸或钢丝球打磨除去承口内壁和管子插口外壁的氧化层；然后用干净的抹布将其连接处擦干净。管子在台面上磕一下，以清除管子内的脏物。

（4）在管端插口与承口处涂抹钎剂，然后将管子插入连接承口。

（5）加热时应先加热管子，后加热承口处。供暖系统的铜管一般采用钎焊中的软焊（加热温度在 450℃以下）。当达到温度后，移开火焰，将钎料放在承插的间隙处，依靠承插件的温度熔化，通过毛细管作用进入间隙。绝对禁止钎料处于火焰下。

（6）自然冷却后，用湿抹布将钎焊处的多余钎剂擦去，因为钎剂有腐蚀性。

因为一般气焊的焊炬火焰温度远远高于 450℃，所以钎焊加热时使用液化气焊炬，气源有罐装（图 2.28），也有瓶装（如 5kg 液化气瓶，用于车间预安装）。

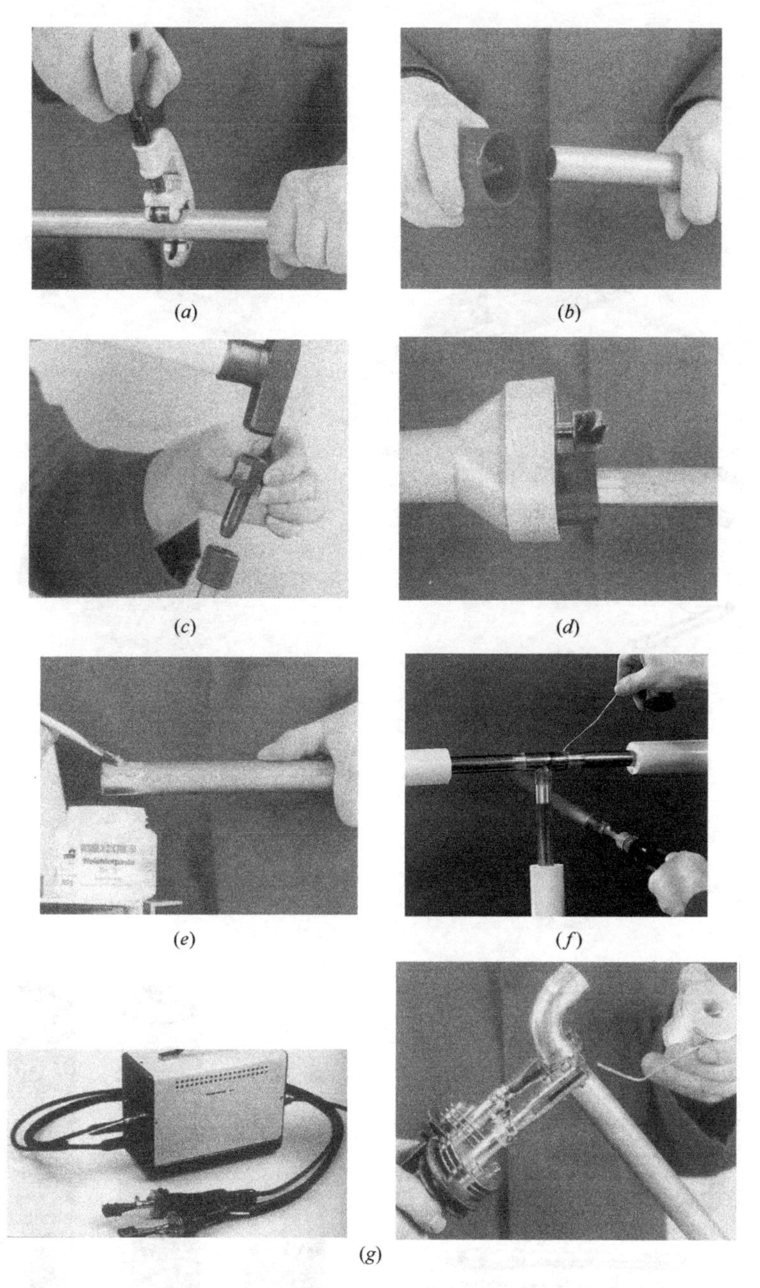

(a)　(b)　(c)　(d)　(e)　(f)　(g)

图 2.27　铜管钎焊的操作步骤示意图

(*a*) 用割刀下料；(*b*) 用铰刀清除毛刺；(*c*) 用整圆器将铜管整圆；(*d*) 用圆刷和环形刷打磨氧化层；(*e*) 用小毛刷涂抹钎剂；(*f*) 加热后移去火焰，加钎料；(*g*) 铜管也可以不用火焰钎焊，而采用电阻钎焊。电阻钎焊时，电极夹在承口的外侧，钎料放在承插口的间隙处

图 2.28　不同形式的钎焊焊炬与液化气罐

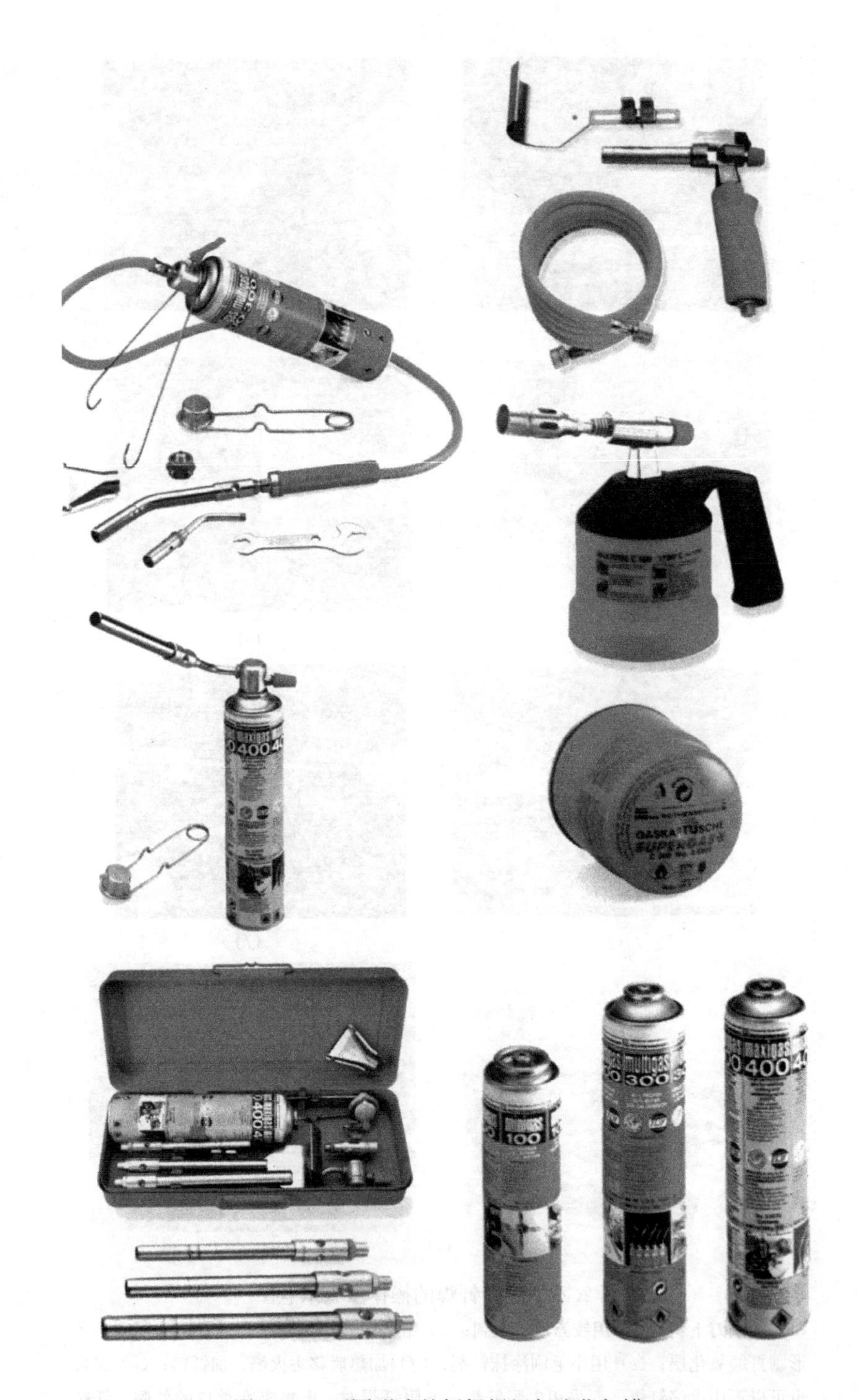

图 2.28　不同形式的钎焊焊炬与液化气罐

2.4.13 即插式管道连接

目前市场上还有一种即插式管道连接，即用手将管道直接插入管件中后，不再需要其他工具，连接即可结束。这种连接可以用于给水、生活热水、散热器供暖和地暖的管道，管材有铝塑复合管、PPR 管和 PE-X 等。这种连接的管道工作压力可以达到 1MPa，厂家一般作五年质保保证。下面介绍的就是一种铝塑复合管的即插式连接。

图 2.29 带刮刀的管道整圆器，可以用于四种小管径管端的整圆

（1）管段在用割刀或管剪下料后，需要用整圆器（图 2.29）将管端整圆，并去毛刺。

（2）用手将管端直接插入管件，见到绿色环出现，即表示已经插到位（图 2.30）。

（3）若想拆卸连接管件，可以用专用工具轻易地拔出（图 2.31）

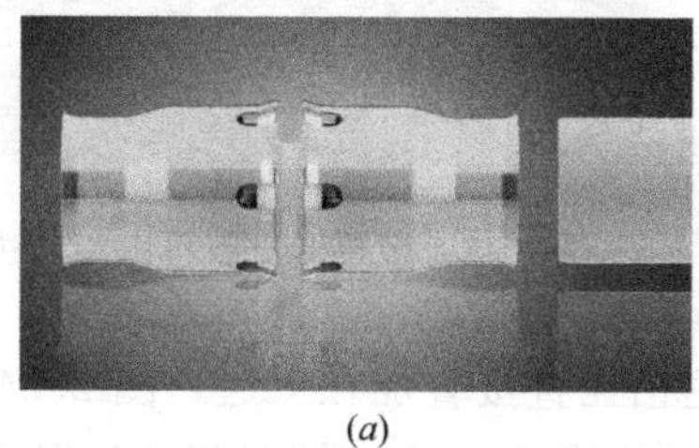

(*a*)

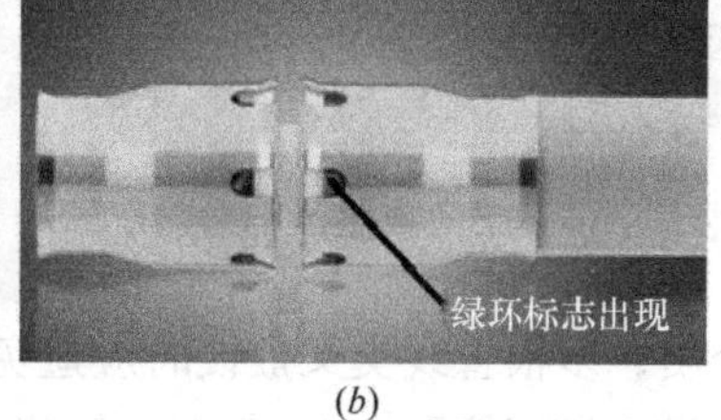

(*b*)

图 2.30 用手将管端插入管件中，直至绿环出现

(*a*) 管端插入管件前；(*b*) 管端插入管件后，绿环标志出现

(*a*)

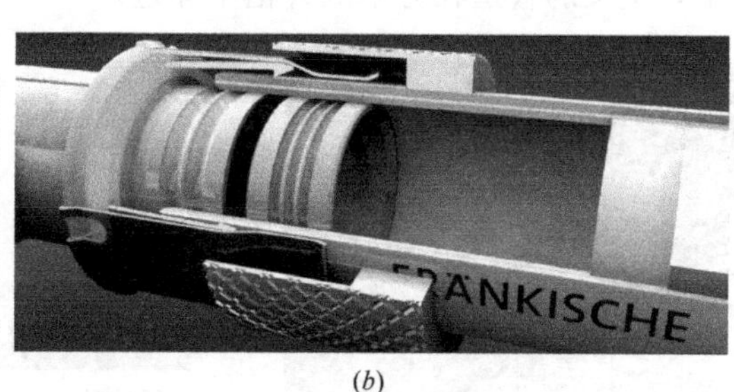

(*b*)

图 2.31 拆卸管件示意图

(*a*) 拆卸工具；(*b*) 拆卸工具将卡勾脱开

2.5 管道的敷设

2.5.1 管道的安装方式

（1）明装：明装管道的优点是安装简单，管路短，不破坏墙体的保温；管道发生泄漏

时，维修方便，改造也较方便；缺点是不美观、打扫卫生不方便。明装管道需要采用带隔声垫的管卡固定（图 2.32）。

（2）暗装：暗装管道的优点是美观，打扫卫生方便。缺点是严重破坏墙体保温，增加燃气消耗；管道如果发生泄漏，查找与维修麻烦，改造也困难。这些问题需要向小业主重点指出。强调尽量避免在外墙上开墙槽。特别是在南方，多层建筑与高层建筑都是框架结构，外墙一般都是 180～200mm 厚的空心砌块砌成，如若开 50～100mm 深的墙槽，墙体的保温效果将会大打折扣。可以建议管线从地面沿墙边走（图 2.33），但是，若有多根管道（例如在走廊、集分水器等附近）敷设在地面时，应避开沉重的家具腿，监督地面施工时防止将管道擦伤。

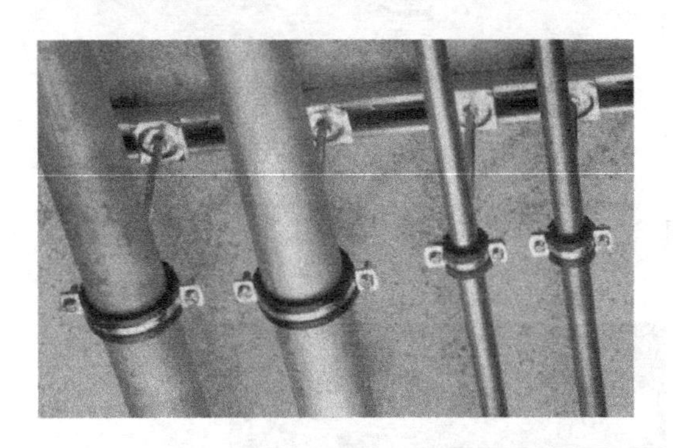

图 2.32　明装管道应用带隔声垫的管卡固定

图 2.33　散热器支管可以沿墙边在地面敷设

在多种介质、多根管线交叉敷设时应避免相互直接叠加在一起，图 2.34 就属于这类不合规范的敷设。最好按图 2.35 敷设，管线应敷设在绝热、隔声套里，管线上方若有家具，且无法避开时，敷设管道的空腔最大跨度不能超过 120mm。圆形孔穿越管道，方形孔穿越龙骨方木，交叉的管道在方木的开槽中穿过。

图 2.34　多种介质的管线相互叠加敷设，伤管材、伤绝热套管，增加地面厚度

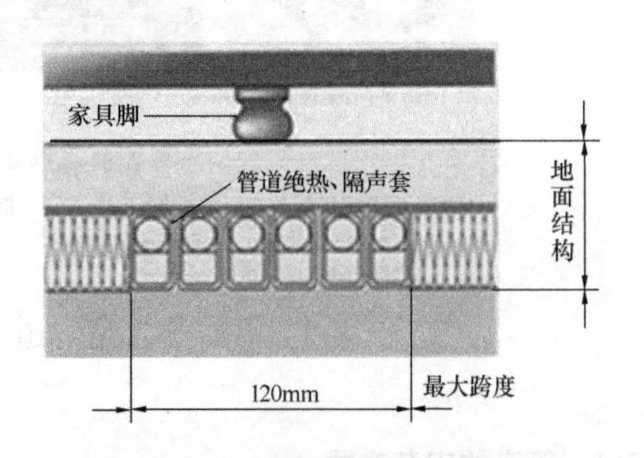

图 2.35　管道正确敷设方法

2.5.2　管道安装前的吹洗

无论管道是明装还是暗装，管段和附件在安装前都应检查管腔内是否有杂物；如若有可能，安装前用 0.6～0.8MPa 压力的压缩空气吹一下管道或附件。

2.5.3　管道、管件与附件的绝热

（1）无论是明装管道还是暗装管道，应尽可能采用管道绝热套管做绝热。因为特别是暗装干管，管径较大，一般都安装在外墙内，而外墙只有 200mm 厚，开了墙槽后，只有原来的 1/3～1/2 厚，若不进行保温，管内的水温下降明显，夏季还可能在管道外壁产生冷凝水。绝热套管主要有两种形式，一种是带纵向开缝式的（图 2.36*a*），一种是无纵向开缝式的（图 2.36*b*）。也有平板式的，根据需要裁切，然后包裹在管道外面，用胶带将对接缝封死。

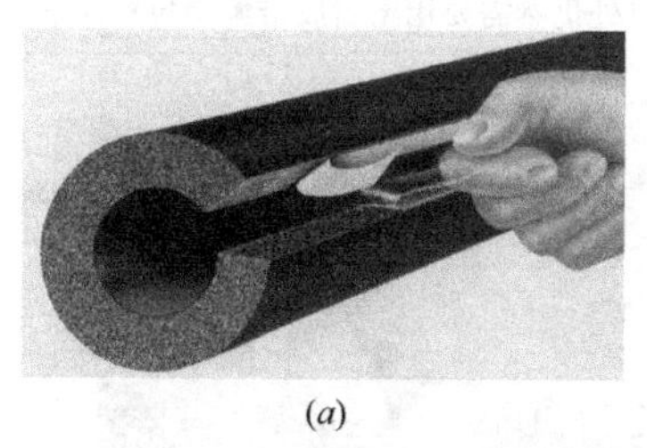
(*a*)

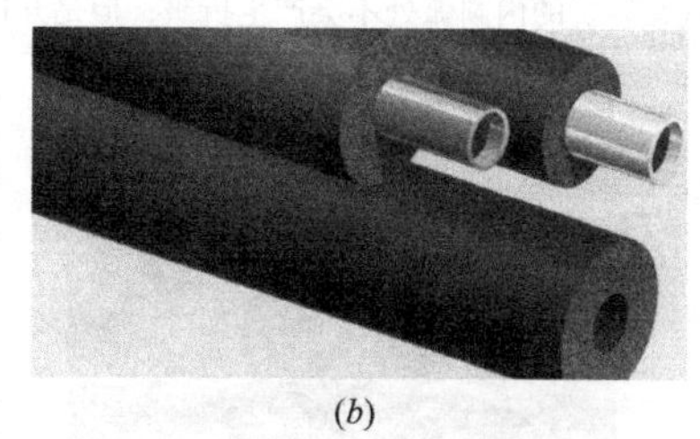
(*b*)

图 2.36　不同形式的管道绝热套管

（*a*）带自粘胶的开缝式管道绝热套管，使用方便。若开缝处无自粘胶，则要用密封胶带封口；（*b*）适合不同管材与管径的无纵向开缝式管道绝热套管

在实际施工中，一些安装工人经常会破坏建筑绝热与不考虑绝热。图 2.37 是典型的错误安装实例。此图为某户独立供暖干管施工现场。原来为开放式阳台，外墙已做了外保温。现在被业主改成封闭式阳台。开墙槽破坏了保温层，管道外面将来只用普通砂浆粉刷抹平，基本无绝热（而且燃气壁挂炉预留的五个接口安装也不平齐美观）。正确做法应该是：墙槽的空隙部分应用保温砂浆填满（注意：不是普通砂浆）；管道外面应做绝热或用保温砂浆粉刷至少 30mm 厚。

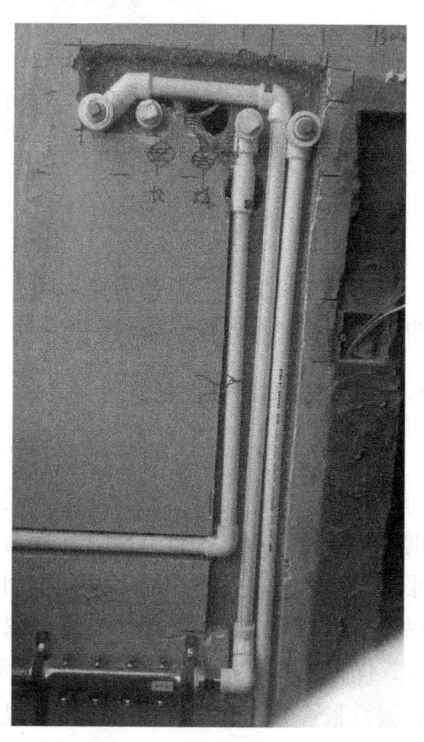
图 2.37　错误安装实例

（2）小管径的管件（如弯头、三通等）与附件由于形状复杂，这类管件或附件没有专门的绝热型材，需要专门处理。例如在弯头处，穿绝热套管不容易，正确的绝热施工应如图 2.38 所示进行。绝热套管在圆弧内侧易起皱褶，应根据弯头半径的不同，在内圆弧上切开一至若干个切口，以防止产生折皱，否则里面容纳的空气较多，导致绝热效果变差，且容易损坏；在附件处可以事先在开口套管上

剪切相应的孔，或者用保温带缠绕在附件外面（图 2.39）。

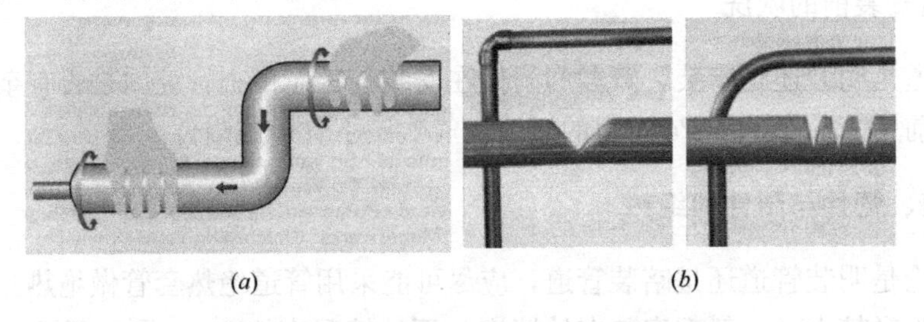

(a) (b)

图 2.38 管道绝热套管敷设的正确操作

(a) 无纵向开缝式管道绝热套管的正确操作是：一只手旋转推入套管，另一只手将套管旋转向里拉；同时，两只手的旋转方向要向前向后经常变换，使合成塑料的绝热套管自然伸展，不至于产生扭曲变形，否则合成塑料长时间皱褶后易损坏；(b) 角弯与弧弯处的绝热套管的正确操作是：应事先在内圆弧处做一个或若干个切口，使其在转折的内圆弧处不会产生折皱；但是开口处仍然需要用密封胶带缠绕包裹起来

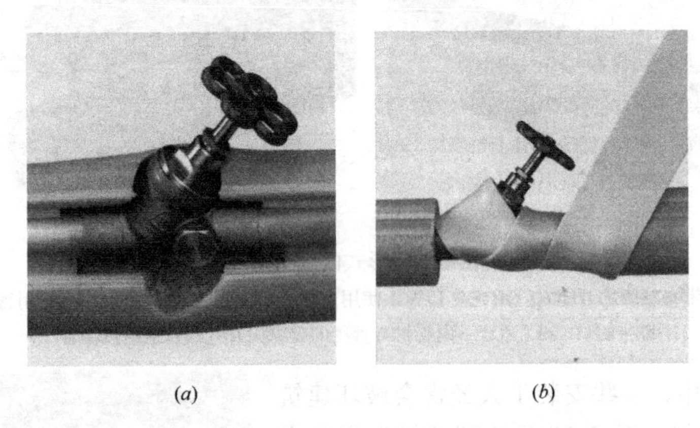

(a) (b)

图 2.39 没有专门绝热型材的小口径附件的绝热方式

(a) 在绝热套管上为阀杆开孔；(b) 直接用绝热带缠绕包裹在附件外侧

2.5.4 管道附件的安装

阀门等附件因为经常需要启闭、调试等操作或维修更换等，应安装在便于操作和维修的地方，绝对不允许暗装。

2.5.5 管道与附件的固定

目前，一些施工人员不重视安装工件长期的牢固性，造成客户在供暖系统使用一段时间后，一些部件松动、甚至脱落。尤其是现在的外墙和内墙一般都是由空心砖或空心砌块砌筑，普通的塑料胀管强度低、寿命短，不宜使用；特别是应该禁止使用一些所谓的金属胀管（实际上是铁皮制的，不是钢制的），强度低，使用一段时间后因为锈蚀而不再具有锚栓作用。所以在墙上固定管道和附件时，应了解墙体的材料和构造，选择合适的膨胀螺栓，优先选择尼龙螺栓（锚栓），特别是在卫生间和厨房类的湿式房间里。辨别尼龙螺栓和塑料胀管的方法是将两者丢在水里，沉下去的是尼龙制的，漂在水面上的是塑料制的。

图 2.40 是带肋片的万能框架尼龙胀管，在墙体空腔处肋片伸出，增加了锚栓能力。

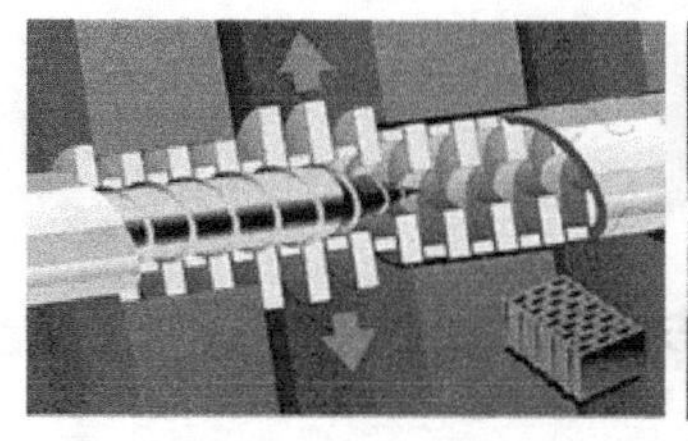

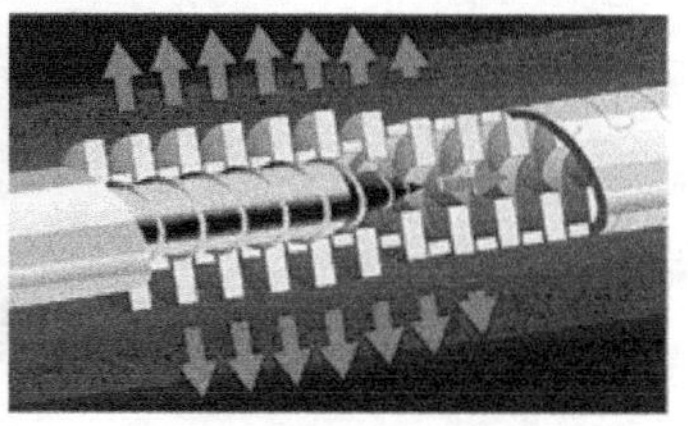

图 2.40　万能框架尼龙胀管（锚栓）作用原理

图 2.41 是用于薄壁空腔的通用尼龙胀管，在空腔处自动形成麻花状，增加了锚栓能力。

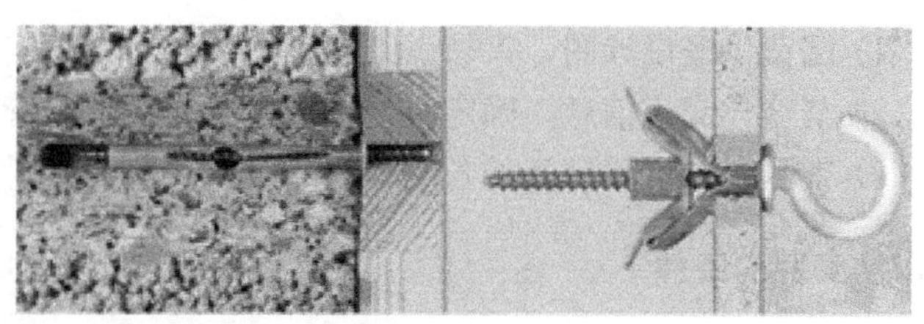

图 2.41　薄壁空腔尼龙胀管

2.6 安 全 用 电

2.6.1 电源转换器

当施工区域需要使用冲击电钻或电锤以及 PPR 管熔焊器时，不允许使用家庭常用的接线板作为电源转换器，因为这种转换器的塑料绝缘强度和机械强度都不高，在工地拖拽极易损坏，容易造成漏电事故。

（1）在工地，只准使用带保护开关的电缆盘。

（2）绝不允许使用有破损的电源转换器。

2.6.2 地线与零线要连接牢靠

工地处的电源必须有可靠的地线和零线，而且两者不能相互连接在一起。当与其他工种一起施工时，一定要事先相互交流，不要随意使用他人的用电工具和器材，以免发生未知事故。

3 地暖加热管的敷设

3.1 准 备 工 作

3.1.1 信息的收集

（1）阅读供暖设计图，审核图纸的合理性，事先确定集分水器和地暖加热管的位置。

（2）与客户交流信息，确定所选择的地暖加热管的管材。

（3）查看每个供暖房间的各类管线的走向及位置，了解家具与设施的位置。

3.1.2 安装的条件

（1）检查毛地坪是否较平整（高度误差不超过±2mm），墙踢脚下口是否较平直。误差较大时，就必须让土建施工人员进行找平修直。

（2）测量各个敷设地暖房间地面的尺寸和墙踢脚的长度，计算各种材料的用量。

（3）湿式房间的墙面已经装修完成，集分水器已安装好（该内容放在调节系统的安装中介绍）。

（4）已经与电工和生活冷热水安装的管道工共同协商好管线交叉的上下、先后处理方案，并进行了实施，图3.1是可以采用的两种方法。

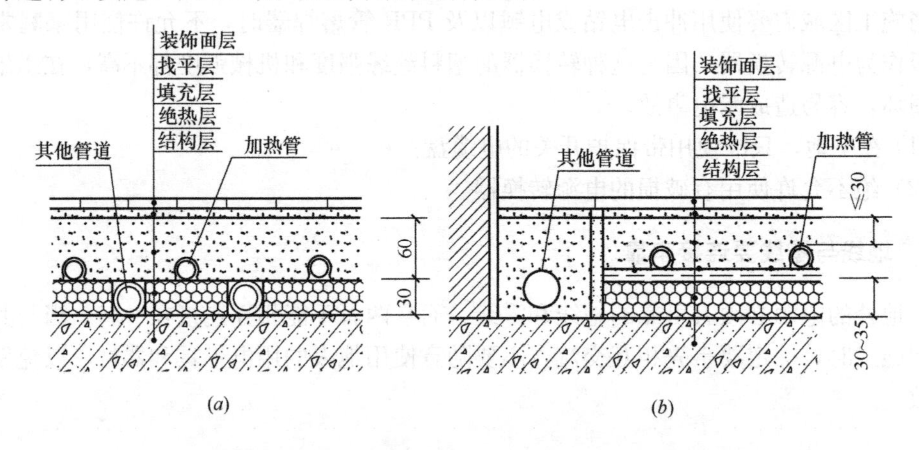

图3.1 其他管线与地暖管交叉的方法与地暖结构层

(*a*) 布置在绝热层中的管道及其管件的最大直径不应超过绝热板厚度，管道与绝热板的间隙宜用绝热材料填实；(*b*) 当管道交叉的数量较多时，建议采用专用管道通路方式

（5）已经向土建施工的工人提出地暖加热管施工的时间、方案与注意事项，所有其他工种的施工暂停。

（6）所有室内施工工程中的杂物已清理干净。

3.1.3 准备施工的材料

(1) 防潮层：为塑料薄膜（或防潮涂料），用于湿式房间或与土壤接触地面的底层，塑料薄膜厚度≥0.2mm。

(2) 墙边角绝热条：用于墙立面与地面交界处（即踢脚下口处）的绝热，材料有珍珠棉（EPE）或发泡聚苯乙烯（EPS），绝热条≥10mm。

(3) 地面绝热板：用于地暖加热管的绝热，防止热量通过楼板向下散失。绝热板有聚氨酯（PUR）硬质泡沫板、挤塑聚苯乙烯（XPS）板与可发性聚苯乙烯（EPS）板，其厚度一般为20～30mm；开箱检查其品牌与合格证，阅读其密度和强度说明是否符合要求，检查外观是否有破损。

(4) 绝热胶带：用于墙边角绝热条或绝热板拼接缝的密封。

(5) 反射膜（又称辐射膜）：由高反射镀铝膜和纸、布或其他保温材料经特殊工艺复合而成。具有一定的隔热保温和防潮的作用，也具有向上反射地暖加热管辐射热量的作用，敷设在绝热板上。

(6) 地暖加热管：用于加热地面。开箱检查管材厂家品牌、管材类型、管径与管长，是否有合格证，检查外观是否有损伤。

(7) 固定模板或钢丝网：用于固定地暖加热管的间距与敷设形式（图3.2*a*）。

(8) 加热管固定件：用于防止地暖加热管的侧位移，有模板（图3.2*a*）、卡钉（图3.2*b*、*c*）、固定卡子（或称管托）、扎带和绝热板管槽等。

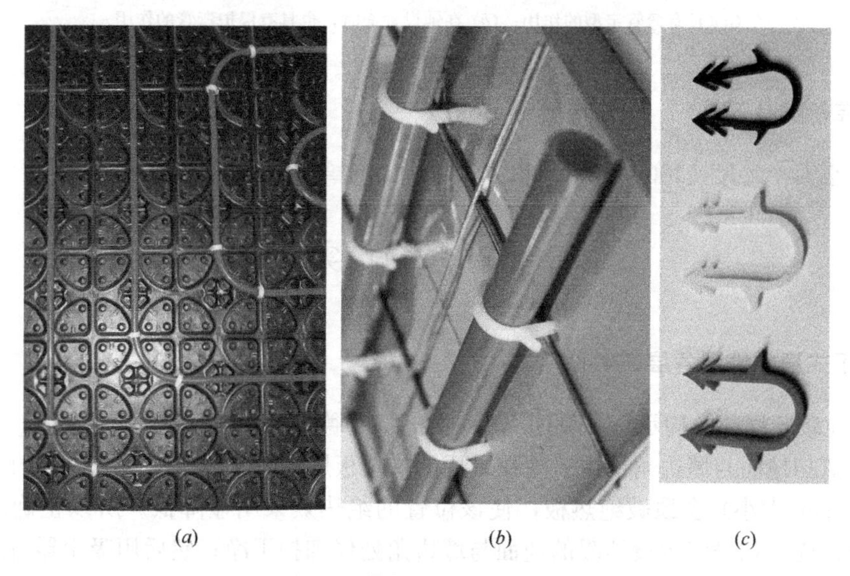

(*a*)　(*b*)　(*c*)

图3.2 模板、钢丝网和卡钉

(*a*) 加热管敷设在模板凹槽内，模板不能兼做绝热板；(*b*) 加热管敷设在钢丝网上；(*c*) 卡钉

(9) 地暖护管套(又称地暖弯管器，图3.3)：用于地暖加热管在地面与墙立面交界处(弯曲半径R约300mm)，使之形成弯头，并具有保护的作用，防止地面与墙面施工人员损伤该处管道(图3.4)。

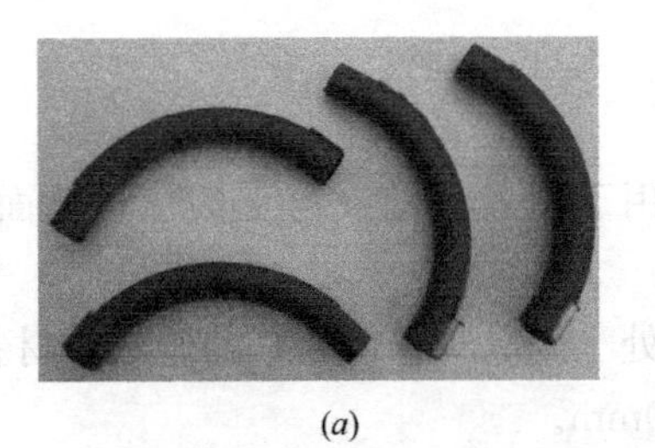

(*a*)

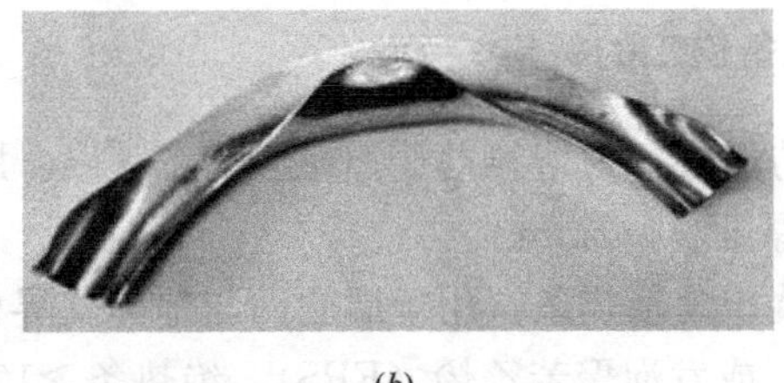

(*b*)

图 3.3　不同材料的地暖护套管（地暖弯管器）

(*a*) 塑料的地暖护套管；(*b*) 金属的地暖护套管

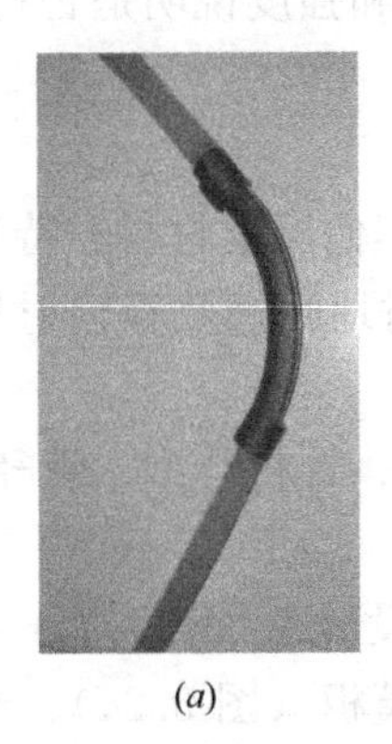

(*a*)

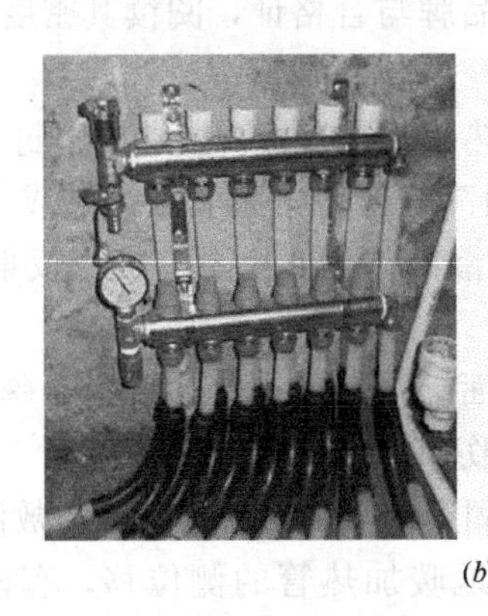

(*b*)

图 3.4　地暖加热管在墙边集、分水器处敷设时应使用地暖护套管

(*a*) 具有弯管定型的作用；(*b*) 在铺设地面时，也具有保护弯管的作用

3.1.4　准备安装工具

裁剪小刀，卷尺，1000mm 钢直尺或木折尺，铅笔，手动卡钉枪等。

3.2　安 装 的 实 施

3.2.1　干式房间地暖各层的敷设

(1) 地暖各层的结构示意图见图 3.1，图 3.5 为德国的通常做法。

(2) 清扫地面与墙边角：由于现在采用的挤塑板厚度只有 20mm，地面上的一些小石子（3 ～6mm 大小）会顶破绝热板，使该位置的绝热效果明显降低。所以正确的清扫步骤应该是：先用扫帚将敷设地暖的地面与墙边角处仔细扫干净；然后用吸尘器将地面与墙边角抽吸一遍，清除地面上细小的硬颗粒。

地面若潮湿，需保持通风 2～3 天，直至干燥为止方可施工。

(3) 敷设墙边角绝热条：先在地面与墙立面交界处，敷设墙边角绝热条（图 3.6），其厚度应≥10mm；在南方地区和外墙处，绝热条厚度最好为 15～20mm；敷设宽度应高于毛地坪 100mm，绝热条拼接缝处也应用专用胶带密封。

(4) 铺设绝热板：沿着事先选定的一平直墙、紧挨墙角开始铺设绝热板。将绝热板直

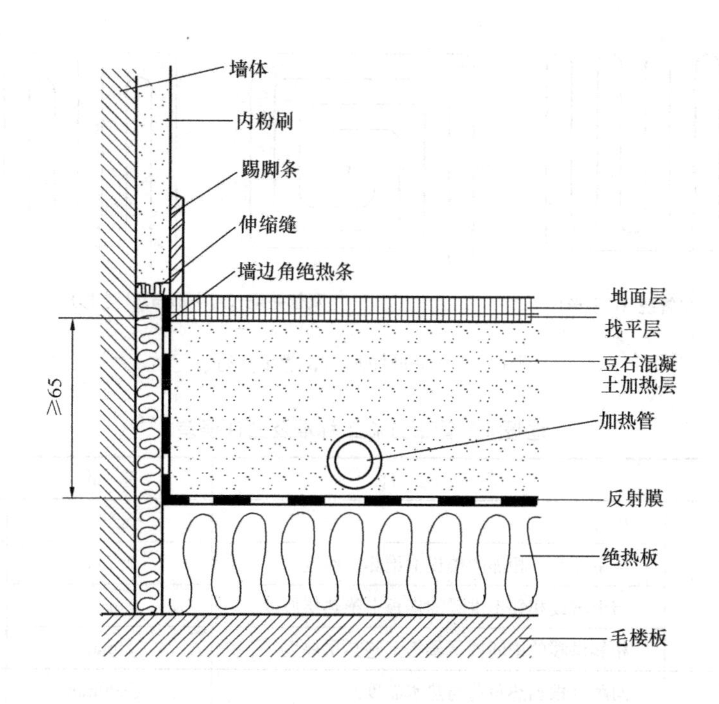

图 3.5　地暖各层的结构示意图（德国）

图 3.6　墙边角绝热条的敷设

图 3.7　铺设反射膜

接敷设在毛地坪上，最好错缝拼接，直至平整地将地面铺满；绝热板与绝热板之间、绝热板与墙边角绝热条之间应用地暖专用绝热胶带密封起来。

（5）铺设反射膜：将反射膜铺在绝热板上，有铝箔的一面朝上（图 3.7）；拼接缝处应实施搭接，搭接宽度应≥20mm。

（6）铺设钢丝网或模板：将钢丝网或模板直接放在辐射膜上成悬浮式，不得以各种形式与楼板固定，以免形成热桥。

（7）地暖加热管的敷设形式：加热管的敷设有单管直列型和双管直列型。前者又称为 U 字形，后者又分为回字形和双 U 字形（图 3.8）。

（8）加热管的间距：*DN*15 地暖加热管的间距一般在 150～180mm，*DN*20mm 地暖加热管的间距一般在 180～200mm；地暖加热管的最小弯曲半径见表 3.1；为防止加热管因热胀冷缩而移位，需设置勾钉或扎带固定，弯管处钩钉的密度宜加大，勾钉的间距见表 3.1。在墙边与集分水器连接处，加热管弯折时应使用护套管（图 3.4）。

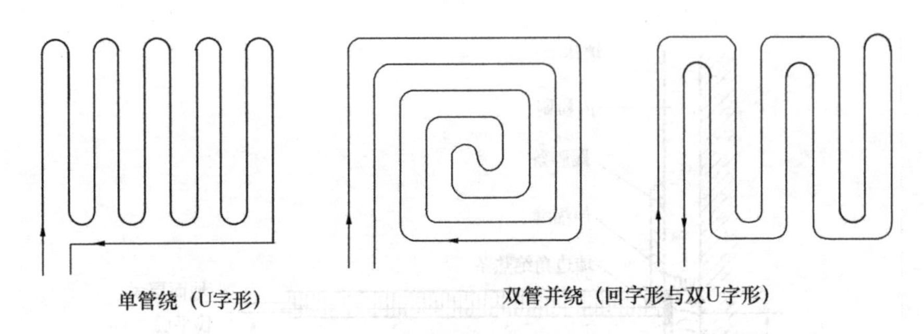

图 3.8　地暖加热管的敷设形式

地暖加热管部分施工标准及允许误差　　**表 3.1**

序号	施工项目	条　件	标　准	允许偏差（mm）
1	绝热层	接合	无缝隙	
		与室外空气相邻的楼板上绝热层厚度	40mm	+10
		与土壤或相邻不供暖的楼板上绝热层厚度	30mm	
		相邻供暖的中间楼层楼板上绝热层厚度	20mm	
2	加热管	间距（根据热负荷与热水温度）	≤300mm	±10
3	加热管的弯曲半径	塑料及铝塑管	≥6×管外径	−5
		铜管	≥5×管外径	
4	加热管固定点间距	直管	≤700mm	±10
		弯管	≤300mm	

3.2.2　地暖加热管的密封性试验

（1）事先检查试压管道和构件是否已采取安全有效的固定和保护措施，在系统最高点设排气阀。

（2）冲洗管道系统。通知客户到场。

（3）一般分 2～3 次缓慢进水，每次进水一段时间后停顿 5～10min，注意排气，试验压力应≥3bar 且≤6bar，升压至规定压力后停压，观察压力表是否掉压，判断有无漏水现象。

（4）稳压 1h 后，补压至规定试验压力值，15min 内的压力降≤0.05MPa 为合格。然后保压直至系统完成。

（5）冬期施工应注意采取防冻措施。

3.2.3　浇筑混凝土填充层

（1）水压试验合格后，48 小时内完成混凝土填充层施工。

（2）施工中，加热管内水压不应低于 0.6MPa；在填充层养护过程中，系统水压不应低于 0.4MPa。

（3）填充层一般为豆石混凝土，石子粒径应≤10mm，水泥砂浆体积比≥1：3，混凝土强度等级应≥C15。填充层厚度一般为 50～65mm，平整度≤2mm。

(4) 施工中，施工人员应穿软底鞋，严禁使用机械振捣设备，采用平头铁锹和木板刮刀。

(5) 混凝土填充层养护天数应≮21d。

(6) 注意与不同工种的配合。

(7) 供暖系统中的水处于工作压力状态，不要泄水。

3.2.4 底层与土壤接触的房间和湿式房间地面各层的做法

(1) 清扫：将地面各种垃圾清扫干净，然后用吸尘器抽吸一遍；地面若潮湿需保持通风两天，使之保持干燥。

(2) 铺设防潮层：在毛地坪铺设厚度不小于 0.2mm 的塑料膜或刷防潮涂料，直至地面与墙立面交界处向上延伸 100mm（图 3.9*a*）。

(3) 其他步骤：与干式房间基本相同，但是在湿式房间绝热板敷设完成，豆石混凝土填充层的上面增加一个二次隔离层（防潮层，图 3.9*b*），以防止湿式房间地面的水通过地砖缝隙和豆石混凝土层渗入绝热板而使之失去保温的作用。

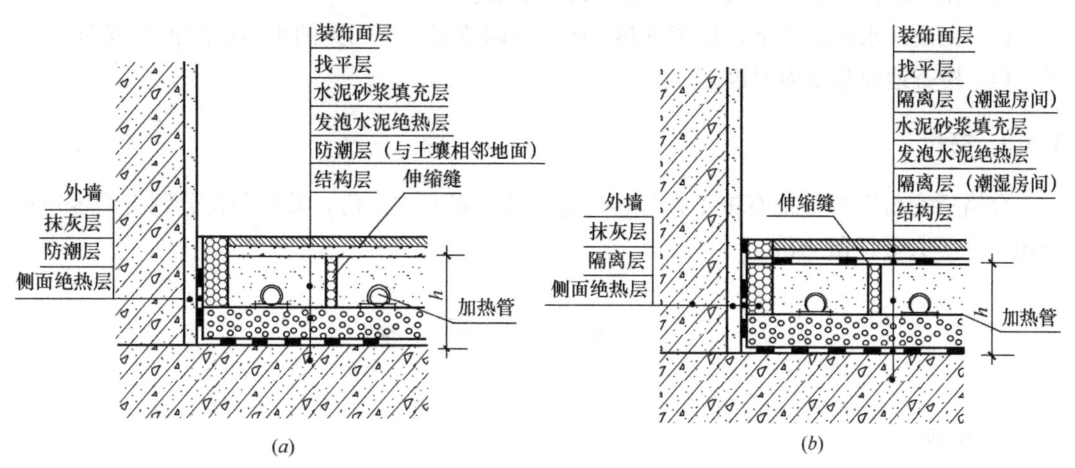

图 3.9 底层与土壤接触的房间和湿式房间地面各层的做法

(*a*) 与土壤相邻地面地暖各层；(*b*) 湿式房间地暖各层

先检验豆石混凝土层表面，若有大于 0.2mm 的缝隙与空洞，先用水泥补好；地面应有坡度，坡向地漏。

保证没有尘埃、污垢、有机树脂、油漆等影响产品深入的污染物附着。

使基面达到 1 分钟左右的湿饱和状态即可；施工前应充分摇匀涂料后再采用低压喷涂方式施工。

涂料分两遍施工，每遍施工间隔 3～8h 为宜。理论覆盖率为 $4m^2/L$，实际覆盖率会因施工方法、施工环境、基面粗糙程度不同而有所差异。

墙体高于地面 250～300mm 处也要做防潮隔离层。

做隔离层时，应避免频繁踩踏，施工后 1～2h 是凝胶体生成过程。2h（或表面半干燥）后即可通行。

室内蓄不低于 20mm 深的水，检验湿式房间的防潮功能。地漏塞住，做好记号，24h

内若液面无明显下降，特别是楼下住户房顶没有发生渗漏，那么防潮工程就算合格。否则就必须重新做，然后重新进行验收。

若防潮层被其他工种的施工人员破坏（例如水电管线的敷设），防潮层必须重新做。所以强调各项施工的配合是十分重要的。

3.3 验收与交付

3.3.1 填写密封性试验资料

让客户核对填写的资料，并签字。

3.3.2 通热试验

(1) 到供暖期时，先预热系统里的水，将水温控制在25～30℃的范围内。

(2) 在24h内升温不超过5℃，直至设计水温。

(3) 在设计水温条件下，连续供热24h，并调节每一个回路的水温达到正常范围。

(4) 检查地面与室内温度。

3.3.3 交付

合格后交付客户，把有施工方与客户签字的资料一式三份，其中两份分别交给客户和公司，施工人员保留一份。

3.4 注意事项

3.4.1 地坪

(1) 地坪的找平：由于许多客户的地坪属于毛地坪，工人做工不细致、高低不平，地暖施工的工人也没有将地面清扫干净，残留有较大的固体颗粒；而尤其是挤塑聚苯乙烯绝热板本身比较脆，当绝热板铺在不平的地面上，安装工人在上面来回走动时就会踩裂、甚至踩断绝热板（图3.10），使绝热层的作用降低。所以，地坪必须找平。找平前，应先将下面清理干净。

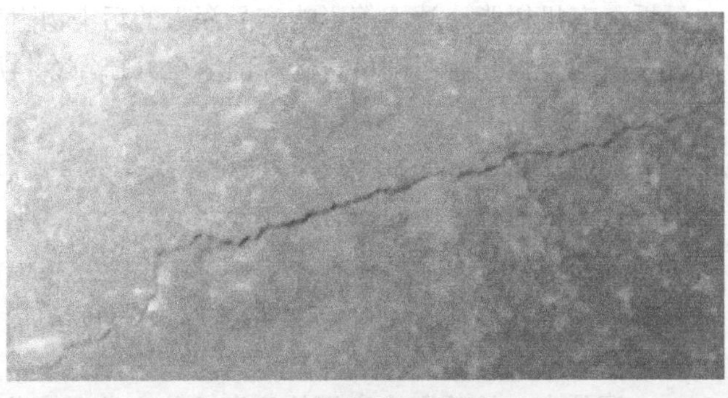

图3.10 挤塑绝热板被踩裂

① 找平层一般用 M5.5 砂浆或细石混凝土，厚度在 20mm 左右时，一般用水泥砂浆。如果超过 30mm，宜用细石混凝土。

② 由于普通找平层的做法存在两个缺点，客户不愿意接受这种做法：一是施工厚度较大，一些楼层净空较低；二是终凝时间较长，12h 后要洒水养护。建议客户最好采用自流平水泥找平。

(2) 自流平水泥：自流平水泥是一种技术环节比较复杂的产品，自流平水泥原本是做面层的，其主要特色是由多种活性成分组成的干混型粉状材料，现场拌水即可使用。稍经刮刀展开，即可获得高平整基面。由于其硬化速度快，20℃时，4～8h 即可在上面行走(环境温度低于 5℃时，硬化需要 1～2 天）或进行后续工程（如铺地暖绝热板、木地板等)，施工快捷，安全、无污染、美观，投入使用快，层厚可以做到只有几毫米。当客户要求净空影响小些、施工进度快些和价格也能接受时，可以采用。

(3) 自流平水泥施工程序：

①地面清理干净→②涂刷底油（干固时间 1～2h）→③称量用水、粉料投入→④拌合均匀→⑤浆料浇注→⑥齿状推刀展开、控制薄层→⑦放气滚筒消泡（在 20min 内）→⑧平整面层完成。测定水分，后续饰面去掉层施工。

(4) 自流平水泥施工的储运与施工补充说明：

自流平水泥应密闭储运，避免包装破损和雨淋，置于干燥通风处，避免高温，严禁阳光下暴晒及冷冻。在 5～40℃时贮存期为 6～12 个月。

因为自流平水泥的价格较贵，为了减少其用量（即减少其厚度)，应事先对于地坪上的一些较高的尖角用錾子錾去。如果地坪有较大的裂缝，应事先填缝。

(5) 自流平水泥的施工厚度一般为 2～10mm。

(6) 地坪找平注意事项：无论使用自流平水泥还是普通水泥，都必须等到水泥自然硬化后才能铺设绝热板。现场的一些安装工人与小业主为了抢工期，在地面水泥没有硬化，甚至表面还有水析出时就开始铺设绝热板（图 3.11)，这种后果会很严重：

由于绝热层里有水，绝热效果大大降低。

由于水泥面没有凝固就踩上去，强度降低。

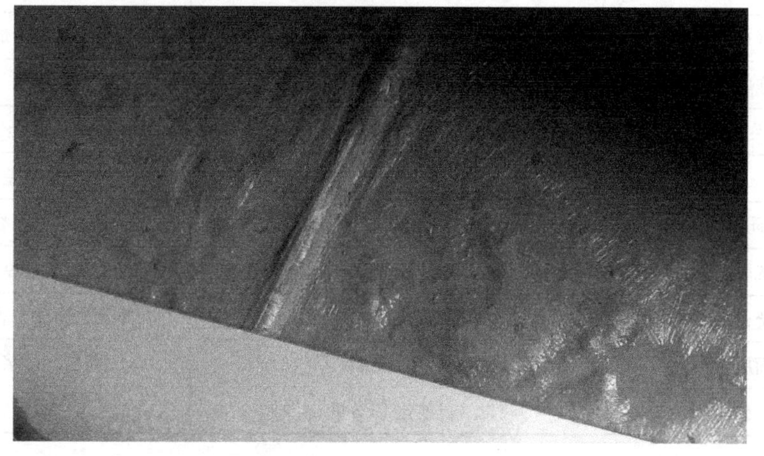

图 3.11 地面因敷设绝热板前需要找平，该现场不但没有找平，而且面层的水泥还没有固化、低洼处仍积有许多渗水，安装工就开始铺设绝热板

渗出的水蒸发形成的水蒸气，总要找地方出去，水蒸气气流出去的通道将是热量损失的通道。

如果绝热层上面密封得非常好，水蒸气出不去，地面会起鼓；水蒸气从上面出不去，四处寻找出路，就会往下行，楼板下方则易结露、返潮，甚至产生霉斑；若楼下为另一业主，将发生不可避免的矛盾。

水蒸气也可能沿墙踢脚处在墙里由下向上渗透，易造成墙的下部返潮、产生霉斑。

3.4.2 地暖绝热板的选择与施工

(1) 地暖绝热板的种类：目前采用的主要有三种材料，包括聚氨酯（PUR）硬质泡沫板、挤塑聚苯乙烯（XPS）板与可发性聚苯乙烯（EPS）板。聚氨酯（PUR）硬质泡沫板的导热系数最低，保温效果最好、使用寿命最长，但由于价格最高，在我国市场接受度最低，难得见到使用。XPS与EPS绝热板的使用率最高，这两种绝热板的性能见表3.2。

XPS与EPS绝热板的性能比较 **表3.2**

材 料	XPS绝热板	EPS绝热板
密度	<38kg/m^3	≤30kg/ m^3
传热系数（W/（m·K））	≤0.03极优	0.04并逐年增长
结构	密实、相对真空	松散、含氧
吸水性	<1%极低	>8%吸水
氧指数（%）	≥28	≥30
尺寸、低温型	<40～90℃（0.6%）	>70℃变形、强收缩
耐久性	优（50年以上不变），不易龟裂	差（一年变形），易开裂
抗压强度	>350kPa	<200kPa
阻热值保留度	10年>80%	10年<60%
毒性（常温）	无	释放氧化苯
毒性（64℃）	无	释放二恶英等有毒物质
毒性（100℃）	微量	释放毒烟气
抗冻融性	强	弱
尺寸变化率	<1%	<3%
柔韧性	极好	极差
系统防水性	防水性强	防水性差、龟裂后易吸水
系统厚度	较薄	较厚
系统稳定	耐久	钢网易腐蚀、表面易脱落
面层	光滑，砂浆粘接不好	粗糙，砂浆粘接好
价格	较贵（目前比EPS贵30%）	较便宜

(2) 挤塑聚苯乙烯（XPS）绝热板。

从表3.2可以看出，XPS绝热板的总体性能比EPS绝热板优越，现在使用XPS绝热板的越来越普遍。但是需要注意：

一些不法厂家为了恶意竞争，在XPS的生产过程中添加其他废旧塑料、石粉等原材料，导致绝热效果下降；因为其外观带有颜色不易辨别，而价格较低，被不少人使用。

还有一些厂家的XPS绝热板虽然标称厚度为20mm，实际只有16～18mm。地暖规范规定，XPS绝热板的施工最小厚度为20mm。而且施工结束后，由于地暖加热管内的水、豆石混凝土层、装饰面层等各结构层及家具、设备和人体等重物的压力，使绝热板的厚度还会减小，因此最好应选厚度为22～25mm的XPS绝热板。

XPS绝热板在最小传热系数时的密度为35～36kg/m^3，密度高于或低于这个范围，传热系数都会增加。所以一些厂家炒作其密度与强度比较高，尤其是添加石粉后，其绝热效果下降了。因此，在选择XPS绝热板时，应选择名牌厂家的产品，同时查验其实际厚度、密度等参数。

（3）可发性聚苯乙烯（EPS）绝热板。

① EPS绝热板导热性能也与其密度有关，当密度减小而降至32kg/m^{3}时，传热系数降至最低值（即保温性能最佳），而密度再继续降低，则传热系数反而上升，且抗压强度也继续下降。现在许多生产厂家为了降低生产成本，迎合一些客户贪图便宜的心理，选用的绝热板密度降低至20kg/m^3，有些甚至更低，保温性能很差，强度也很差。目前市场上销售的可发性聚苯乙烯（EPS）绝热板根据密度分为三种：优等（30～32kg/m^3）、良（24～26kg/m^3）、普通（20～22kg/m^3）。所以建议客户选择优等的EPS绝热板。

② EPS绝热板的厚度：地暖规范规定，EPS绝热板的厚度一般不能低于30mm，与土壤接触（即底层）或室外空气接触（即下面为车库等地下室）的楼板绝热厚度不能低于40mm。特别是南方地区，楼上、楼下及同层相邻的用户很可能未安装供暖系统，易形成冷楼板和冷墙。而且EPS绝热板抗压强度不太高。在绝热板上面所有的面层完工后，加热管内充满水，在面层上面还有家具、设备和人员的重力作用，EPS绝热板的厚度会降低。德国标准规定：厂家供应的EPS绝热板厚度应$\not<$38mm；在规定负荷后，绝热板厚度应$\not<$35mm（因为客户不太可能有条件测试绝热板材的机械强度，而这个数据比较直观，客户和安装人员可以自己直接判断绝热板材的质量）。

（4）绝热板厚度的其他注意事项：

有些地区住宅的楼层净高只有2.65m左右，客户不愿意让楼板绝热层占用较多空间，所以这时采用XPS绝热板特别有利。因为XPS绝热板的传热系数比EPS约小30%，所以其厚度可以相应减少30%。

不宜选择图3.12所展示的XPS绝热板材，因为它设置敷设管道的凹槽位置（即地暖加热管下最需要绝热的位置）的绝热厚度只有正常厚度的一半（约10mm），明显不合格。

图3.12　不合格的XPS绝热板：虽然其标称厚度为20mm，但是在敷设管道的位置绝热厚度不够

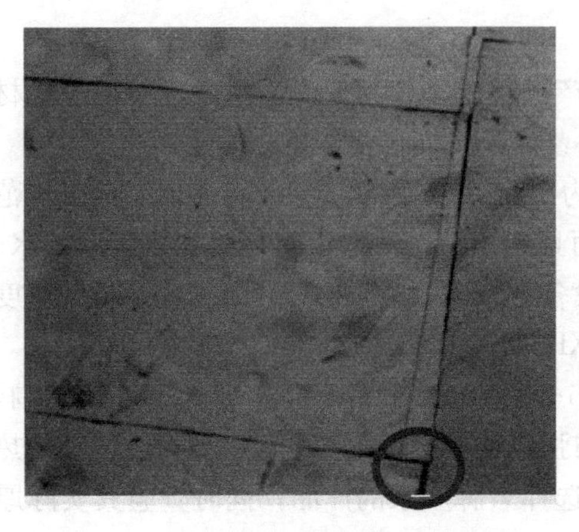

图 3.13　由于绝热板裁剪斜了，导致拼接缝较大，拼接缝也未用密封条封闭

(5) 绝热板的裁剪与拼接：在裁剪绝热板时，必须使用钢直尺或自制木尺。在现场，有些施工人员用小刀徒手裁，结果将绝热板裁剪斜了，在拼接时有较大缝隙（图 3.13），导致热量散失较大。同时，在施工中有些施工人员在绝热板拼接缝较大处既未填满也未使用密封胶带密封，易导致热量散失比较大。这都是不允许的。

3.4.3　墙边角绝热条

(1) 墙边角绝热条除了具有绝热作用外，还有两大功能：

① 地面受热后，混凝土蓄热层膨胀时起到缓冲作用，如果没有安装边角绝热条，水泥蓄热层膨胀时墙面会阻挡混凝土蓄热层膨胀，这时墙边的水泥层将翘起，直接导致面层开裂。

② 墙边角绝热条与反射膜粘贴之间有一条专用密封胶带，阻挡水泥沿着边缝往下流淌。不然的话，墙角会被水泥顶住保温板带着水泥层翘起，这样会引起两大后果：一个后果是要把墙角水泥层拉平，势必加厚混凝土蓄热层，浪费材料和浪费能源；另一个后果是人走到墙边时地面会有响声。

因此边角保温条的作用是非常大的。

(2) 墙边角绝热条的材料：一般采用 EPE 珍珠棉（即由低密度聚乙烯脂经物理发泡产生无数的独立气泡构成），它克服了普通发泡胶易碎、变形、回复性差的缺点。其参数见表 3.3。

EPE 珍珠棉有关参数①　　　　**表 3.3**

项目	密度 (kg/m^3)	抗拉强度 (kg/cm^2)	撕裂强度 (kg/cm^2)	延伸度 (%)	收缩率 (%)	使用温度 (℃)	吸水率 (mg/cm^2)
参数	30	3.40	2.60	125	0.75②	80	0.01

注：① 泡孔结构为非交联密封。

② 为 70℃时的收缩率。

绝热条材料不应选择挤塑聚苯乙烯（XPS），因为它的密度较大，不能吸收地面的热膨胀量。但是在实际施工中，一些工人经常这样用，这是错误的！

墙边角绝热条尺寸：

厚度：一般有 8mm、10mm 和 12mm 三种规格，建议选后两种；

宽度：有 70mm、80mm 和 100mm，根据实际情况选择。

在高层建筑或地震地区的建筑中，使用钢筋混凝土结构较多，钢混结构的导热性较好；特别在南方，墙体较薄。如果这些建筑没有做外墙外保温，或外墙外保温做得不好，这些结构部位易形成热桥，因此这时绝热条的厚度应该选用 12mm 的。

墙边角绝热条与绝热板之间的敷设：不能留下缝隙，图 3.14 显示了由于瓦工在砌筑墙体时砌斜了，使得连接缝成楔形，应该用绝热板余料填塞接缝。

收尾工作：在地面砂浆层施工与装饰地面施工结束时，整个地面的高度应该与墙边角绝热条上沿平齐。但是由于土建施工人员配合不到位或应客户的要求（因为有些楼层净高较低，客户不希望地面做太厚），完工后地面低于墙边角绝热条上沿较多；因此在墙面粉刷施工前，需要用小刀切除多出的墙边角绝热条。否则，有些粉刷工在粉刷墙面时，觉得碍事，会将绝热条连根扯掉，导致墙边角的绝热白做了。这就需要各个工种的相互配合和相互的约定。

图 3.14 墙边角绝热条与绝热板连接处应填塞满接缝

3.4.4 反射膜

目前市场上的反射膜基材主要有纸基膜、布基膜和保温材料复合膜。

（1）纸基膜：根据纸的原材料分为木浆纸和草浆纸，前者价格较高；根据纸中是否夹筋又分为纸基膜（不夹筋膜）和纸夹筋膜。在纸基上镀了一层铝或将铝箔粘在纸基上。

纸基膜是纸和膜在高温下一次流延而成，优点是亮度高，平滑，粘和牢度高，不打卷，印刷坐标清晰、不脱落；缺点是拉伸强度较纸夹筋膜差些。

纸夹筋膜是先流延后复合两次工序生产，其间夹一层玻璃纤维，优点是拉伸强度高；缺点是因生产工艺的原因使印刷坐标不清晰、易脱落，易打卷。

（2）布基膜：采用丙纶无纺布和镀铝膜高温流延而成，优点是防水、防潮、不打卷、平滑、印刷清晰，保温效果好。

① 其品种的主要区别在重量上，规格有 30kg/m²、35kg/m²、40kg/m²、45kg/m²、50kg/m²。

② 无纺布又分为长丝和短丝，前者拉力好、均匀度差，后者均匀度好、拉力差。

现在市场上有不法厂家生产的规格是 25kg/m²，或用胶把伪劣无纺布与铝膜粘合在一起的干式复合膜，膜粘合牢度差、易开裂、不耐碱，在水泥砂浆层中一两年后逐渐被腐蚀掉。

（3）保温材料复合膜：是保温材料与镀铝膜复合在一起生产的，主要有 EPE 复合膜、EVA 复合膜和气垫复合膜。它本来生产的优点是不必分两次铺设绝热板与反射膜，只需要一次就可以了，但是由于绝热板的拼接缝存在，还得去贴密封胶带。

使用反射膜时应慎重选择，一般看重量（重的比轻的好）、搓揉后比较（看镀铝层是否易脱落、纸基是否易碎裂等），最好是选名牌的、规格高一些的。敷设反射膜时，至少应该相互搭接 20mm。

3.4.5 加热管护套管

在墙边集分水器处敷设地暖加热管时，一些施工人员经常不使用护套管（弯管器），当浇灌水泥砂浆填充层时，加热管容易被碰伤。这里必须重新强调一下：加强监督！

3.4.6 地暖的装饰面层

由于地砖的导热性能优于下面的混凝土加热层，地砖的蓄热性能也比较好（因为地砖的反面没有上釉，有很多气孔）；而且采用地暖供暖，地砖的“脚冷”弊端也就不存在了。另外，地砖还具有湿式清扫方便、耐磨、使用寿命长等优点。所以在欧洲许多安装地暖的家庭里，目前地暖的装饰面层流行采用陶瓷类地砖。

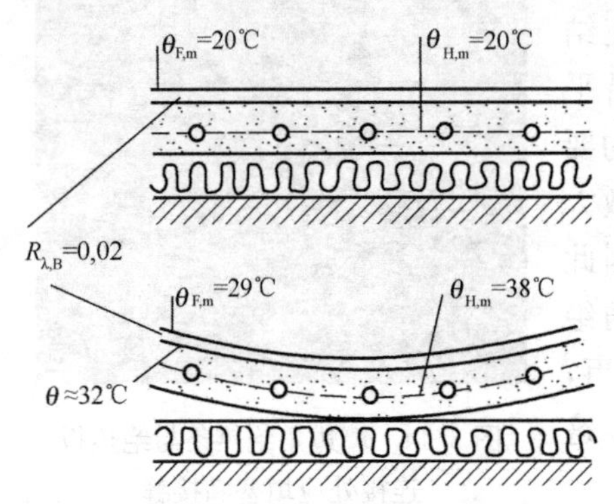

图 3.15　地砖与加热地面导热系数不同，而地砖温度较高引起隆起变形

在我国，湿式房间和客厅的地面，客户一般采用地砖。铺设地砖的问题是：当地暖各层导热不均匀、导致地砖温度高于混凝土加热层时会发生隆起变形（图 3.15）。为了避免和减小地面产生裂缝的可能性，可以在加热管的上方搭接一些细钢筋或加钢丝网，使地面温度均匀。

地砖敷设时应保持 3～5mm 的缝隙，然后用白水泥勾缝。为了地砖敷设美观，敷设前要进行测量、计算和设计，尽量使人的肉眼首先看见的地砖是整块的，裁切的地砖放在不易被看到的地方。

我国很多家庭地暖的面层是铺设木地板或复合地板，这类材料比较美观、大气；但是木地板等材料的导热性很差，不耐磨，清扫麻烦；这类面层下面的地暖是依靠地板的缝隙传热（即空气对流）。

3.4.7　伸缩缝

在与内外墙、柱及过门等交接处应敷设不间断的伸缩缝，伸缩缝连接处应采用搭接方式，搭接宽度不小于 10mm；伸缩缝与墙、柱应有可靠的固定方式，与地面绝热层连接应紧密，伸缩缝宽度不宜小于 20mm（图 3.16）。伸缩缝宜采用模型聚乙烯泡沫塑料，侧面绝热层宜采用高发泡聚乙烯泡沫塑料，也可采用模型聚乙烯泡沫塑料板（密度≯20kg/

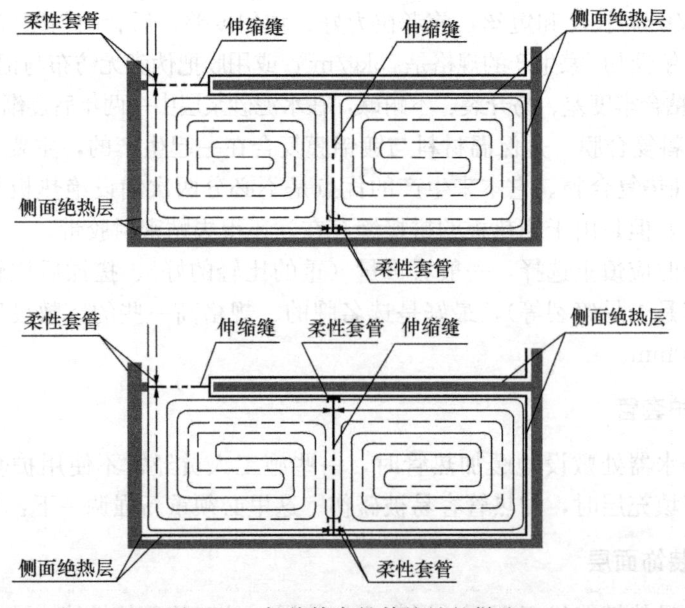

图 3.16　加热管穿越伸缩缝的做法

m^3，厚度为20mm）；侧面绝热层采用后者时宜采用搭接方式（图3.17）。

若在房间长度超过6m或当房间面积大于$30m^2$时及加热管过门处，需要设10～20mm的伸缩缝（图3.18），该处的加热管与伸缩缝的做法如图3.19所示，加热管穿越伸缩缝时设置保护套管，防止地面变形。套管可以是塑料管或波纹管，其管径比加热管大一号，套管长度为50～250mm。地面装饰层为瓷砖、大理石、花岗岩等地砖时，伸缩缝处宜采用干贴。地面装饰层为木地板时，填充层与找平层的含水率应＜10％后才能进行木地板铺设。

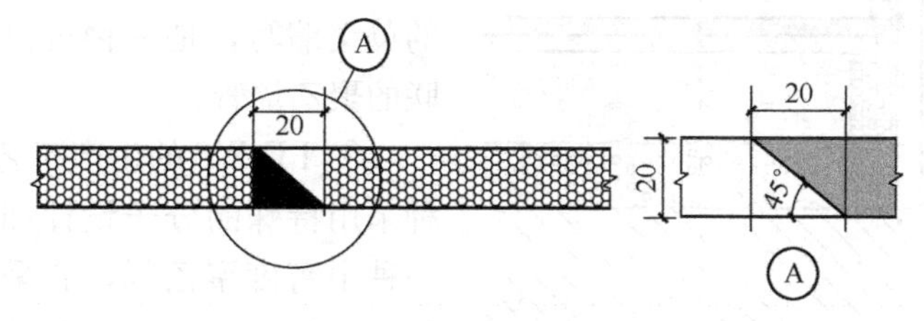

图3.17　侧面绝热层搭接方式做法

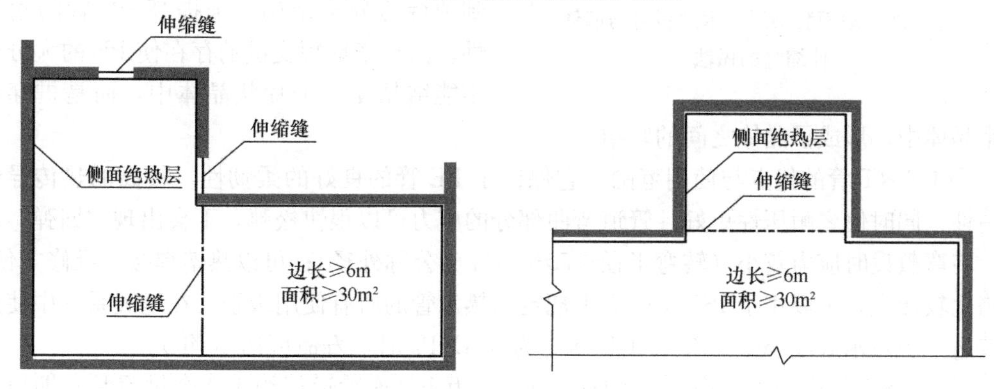

图3.18　地暖伸缩缝的位置示意图

与墙、柱等垂直构件交接处，地面装饰层为石材、面砖时，应留不小于10mm的伸缩缝；地面装饰层为木地板时，应留不小于14mm的伸缩缝；踢脚板与木地板之间应留

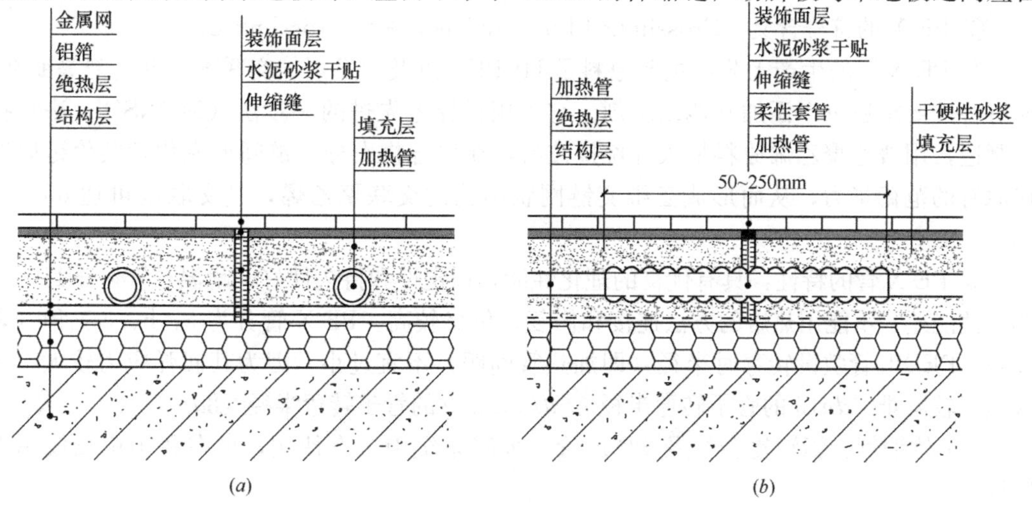

图3.19　加热管与伸缩缝平行或垂直的做法

（*a*）加热管与伸缩缝平行时做法；（*b*）加热管与伸缩缝交叉时做法

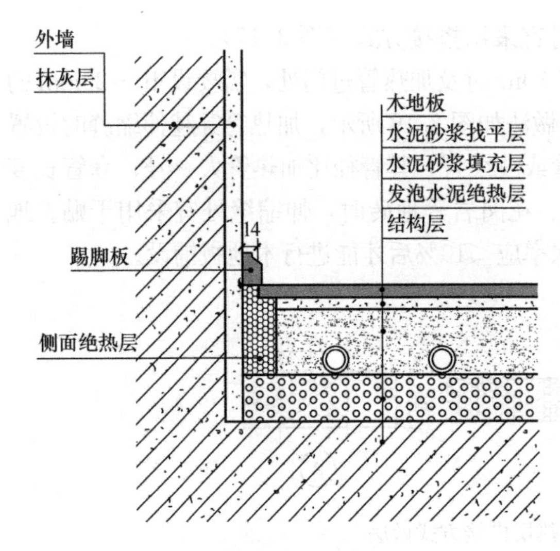

图 3.20 地面装饰层为木地板时与墙体伸缩缝的做法

2mm 垂直伸缩缝（图 3.20）。

3.4.8 地暖加热管管材

(1) PE-RT 管（耐热聚乙烯管）

① PE-RT 管的符号含义：是 Polyethylene of raised temperature resistancepipe 的英文缩写，是一种可以用于热水的非交联的聚乙烯管。

② PE-RT 的生产工艺与特性：它是一种采用特殊的分子设计和合成工艺生产的一种中密度聚乙烯，它采用乙烯和辛烯共聚的方法，通过控制侧链的数量和分布得到独特的分子结构，来提高 PE 管的耐热性。由于辛烯短支链的存在使 PE 的大分子不能结晶在一个片状晶体中，而是贯穿在几个晶体中，形成了晶体之间的联结。

③ PE-RT 管的优点与使用范围：它保留了 PE 管的良好的柔韧性，较高的热传导性和惰性，同时使之耐压性更好。管道弯曲部分的应力可以很快松弛，不会出现“回弹”现象，转弯敷设时应力较小（转弯半径≤$5dn$，dn 为公称外径）；可以热熔焊接，维修方便；价格比较便宜，可以用于 ISO 10508 中规定的热水管的所有使用级别。在地暖系统中使用较普遍（当热水温度小于 60℃、工作压力为 0.4MPa 时，寿命可达 50 年）。

④ PE-RT 管的缺点：在 60℃的环境下，8 万 h（连续运行约 110 个供暖月）即出现蠕变曲线“拐点”。进入“拐点”区后，管材性能的变化速度将加快。按每年 3 个月供暖，相当于实际寿命为 36 年。

(2) PE-X 管

① PE-X 的符号含义：Crosslinked Polyethylene，X= Crosslinked。

② PE-X 管的生产工艺：主要原料是 HDPE，以及引发剂、交联剂、催化剂等助剂，如有特殊要求还可以添加其他改质剂。它采用世界上先进的一步法（MONSOIL 法）技术制造，用普通聚乙烯原料加入硅烷接枝料，在聚合物大分子链间形成化学共价键以取代原有的范德华力，从而形成三维交链网状结构的交联聚乙烯，其交联度可达 60%～89%。

③ PE-X 管的特性：具有优良的理化性能，稳定性和持久性好，耐温－70～＋110℃。热塑性能差，不能用热熔的方法连接和修复，价格较高。PE-X 管分为 a、b、c 三种（表 3.4）。PE-Xb 管敷设转弯时半径（即加热管间距）不宜过小，因为其回弹应力较大，工人施工较困难。$dn16$ 的管子转弯半径≤$6dn$，$dn20$ 的管子转弯半径≤$8dn$。

(3) 软铜管、铝塑复合管及 PP-R 管在地暖系统中也有使用，但在我国市场使用率较低。

PE-X 管的种类与区别　　表 3.4

种　类	PE-Xa	PE-Xb	PE-Xc
柔韧性	管道具有极佳的柔韧性，易于地面辐射供暖系统的安装。极高的柔韧性对于管道被扩张极为重要	管道材料较硬，尤其是在冬季低温条件下施工时，容易产生死折。管道不能像 PE-Xa 一样被扩张，不太适合使用收紧套环式连接	
记忆性	极佳的记忆效应，尤其适合使用收紧套环式连接	记忆效应较低，REHAU 独特地收紧套环式连接方式不适合 PE-Xb/PE-Xc 管道	
开裂性	当管道被弯成死折后，不会产生裂纹，可以使用热吹风枪（加热温度为 130℃）将管道死折处恢复原状	管道被弯成死折后会产生白色裂纹，管道死折处不能使用热吹风枪将其恢复，只能采用管道连接的方式	

3.4.9　地暖加热管的敷设

（1）地暖加热管敷设的间距：

① 应根据建筑物的围护结构决定：是否做了外墙外保温、外墙外保温的材料和厚度，客户选用窗户的种类（推拉窗因导轨缝隙大，漏风量最大，建议客户换掉）、窗户的结构和材料（金属窗框导热性好，非金属窗框绝热性好，窗户玻璃的层数与是否真空或充惰性气体等）。围护结构绝热性能较好的，则加热管的间距宜大些；反之，则加热管的间距宜小些。

② 根据供暖系统热水设定的温度和室内温度设定的要求而定。热水温度较高的、室内设计温度低些的，则加热管间距宜大些；反之，则加热管的间距宜小些。

③ 根据位置：一般来说，在靠近外墙与窗户的地面，以及人们经常停留的地面，加热管敷设的间距宜小些；在家具或卫生设备安放的地面，加热管不设或间距宜大些。如果在一个房间内，地暖加热管敷设的间距不同时，可以设一个回路，也可以设两个回路。如图 3.21 所示，在房间 1 加热管使用回字形，在房间 2 使用 U 字形；为了使地面温度均匀，在靠近外墙、外窗和人员停留的地方，加热管的敷设密度大一些，房间 1 采用一个回路，房间 2 采用两个回路。

④ 根据加热管的管径：加热管的管径较小的，则加热管的间距小些；加热管的管径较大的，则加热管的间距大些。*dn*16 的加热管中心距一般为 150mm，*dn*20 的加热管中心距一般为 200mm。靠近外墙处加热管密些。

⑤ 根据房间面积（经验值间距/面积）：100mm/10m^2，150mm/15m^2，200mm/20m^2，250mm/25m^2，300mm/30m^2。

（2）地暖加热管的敷设形式：双管直列（回字形或双 U 形）的地面，温度比较均匀，单管直列（U 字形）的地面只适用于小面积房间（图 3.8）。

（3）地暖加热管的最大长度差和长度：连接在同一分水器、集水器上的各环路，其加热管的长度宜接近为好。各环路的长度差最好在 5m 以内，但实际设计和施工不易做到。所以各环路的长度差一般不要超过 10m，最大不要超过 20m，否则会造成两个问题：一是调试比较麻烦；二是温升比较慢，房间舒适性较差。

① 建议：当使用卧式锅炉时，加热管长度不宜超过 120m；使用壁挂炉时，加热管长

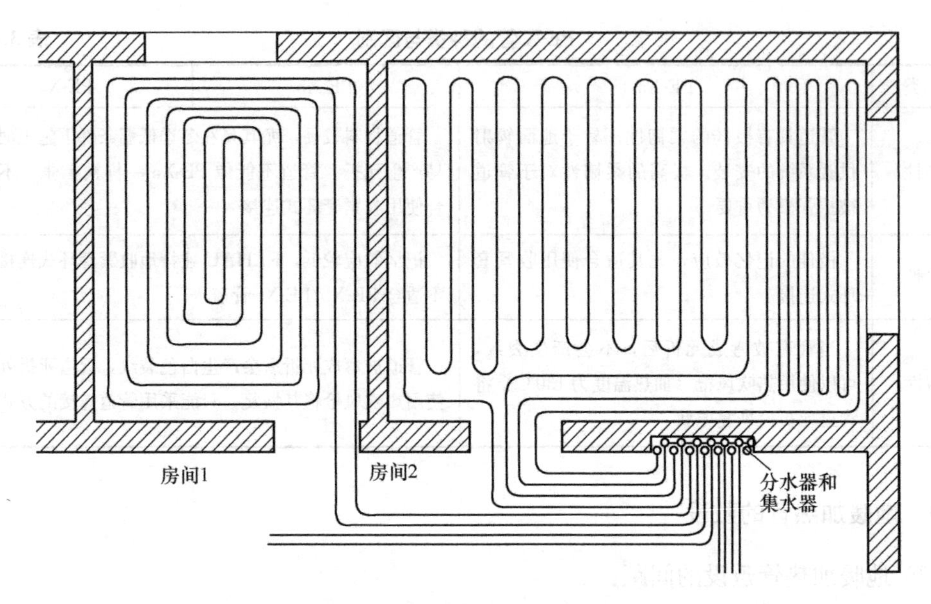

图 3.21　地暖加热管敷设方式

度宜在 60～80m。当加热管长度太长时，锅炉配的水泵扬程不够，这时宜分成两个回路。为减小管道阻力，壁挂炉为热源的地暖管在 *dn*20 管及以上的，每组的总长不宜超过 85m；若是 *dn*16 管以下的，则每组总长不宜超过 75m。较大面积的房间，可以分成若干个回路，或单独设置供暖水泵，但在该水泵与燃气壁挂炉里的水泵之间应加装隔离罐（混水器）。

② 目前，家庭地暖加热管的敷设长度可以按密度 5～7m/m^2 估算。*dn*16 的管子密一些；*dn*20 的管子疏一些。

[例题 3-1]　24kW 燃气壁挂炉中的水泵扬程一般在 5mH_2O，即约 50kPa，塑料管内流速不得小于 0.25m/s 。若选用 *dn*16PE-RT 管，求其最大敷设长度与敷设面积。

解：*dn*16 塑料管对应的比摩阻应为 102.96Pa/m，流量为 98.71kg/h；地暖加热管的局部阻力约为沿程阻力的 4～6 倍，这里取 5 倍，加热管的单位总阻力（沿程阻力 ＋ 局部阻力）约为 617Pa/m，实际敷设管道长度应该不超过：

50kPa/617（Pa/m）＝ 81m

按布置密度是 7m/m^2，地热盘管敷设面积是：

81m /7（m/m^2）＝ 11.6 m^2（该面积不是房间实际面积，因为家具与设备下面不敷设）

(4) 在地暖加热管敷设施工时，应该加强监督，业主应该在场。以防有些施工人员偷工减料，任意加大间距，造成地面不热。

3.4.10　地暖加热管的固定

(1) 钢丝网的敷设：有两种方式，一种是铺在管材上方，一种是铺在管材下方。

① 铺在管材上方的作用：一是为了保护地暖管材，增加地面的承重能力；二是使加热管加热地面均匀，防止地面回填层产生裂缝及导热性好的地砖变形。通常用于湿式房间或较大面积的敷设，或者加热管敷设比较密集（间距＜100mm）的局部（例如在集、分水器附近）。

② 钢丝网铺在下方的作用：一是为保温板起到了承重的作用，二是可以固定地暖管材，由于钢丝网的网格间距均匀，地暖盘管间距更加规范。通常用于干式房间或小面积房间的敷设。

在加热管上下两侧都加钢丝网固定，效果较佳，但价格会高一些。正常的钢丝网应用3mm 的钢丝制成，但是现在一些不良企业用小于 1mm 的钢丝制作，其作用明显降低。

(2) 固定模板的敷设

在固定模板上敷设加热管更加简单，一个工人即可施工，省时、省力。但是有的设计与施工人员将它代替了绝热板，这是绝对不允许的！因为固定模板的凹槽（加热管放置的位置）下厚度只有 7～8mm（图 3.22)，绝热远远不够，因而也是绝对禁止的！

图 3.22　固定模板不能代替绝热板

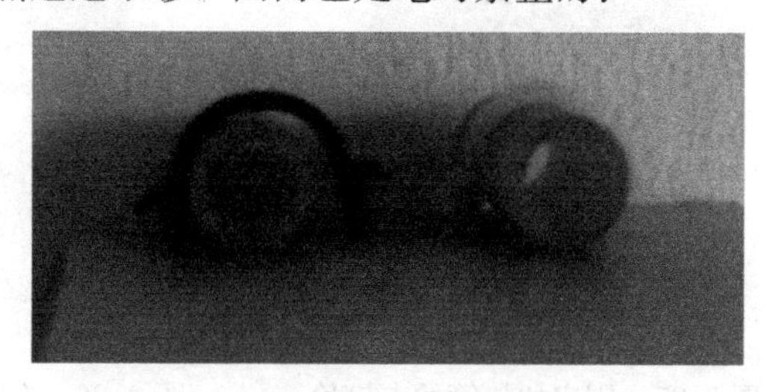

图 3.23　不同强度的卡钉固定管子的表现（左侧的卡钉强度低，卡钉与管子之间的间隙较大，固定管子不好；右侧的卡钉强度较高，卡钉与管子之间的间隙较小，固定管子较牢固，敷设间距可以大些）

(3) 固定加热管的卡钉敷设

① 卡钉的质量：卡钉质量的好坏相差较大，主要表现在强度上（图 3.23)。强度高的卡钉固定管子的间距可以大些（例如可达 500～600mm)，而且牢固；强度低的卡钉固定加热管的间距较近（其敷设的密度是强度高的 2 倍，甚至更大，有的间距≤100mm)、用量大（因此消耗工时较多，合计也就不便宜了)、固定也不牢靠（在砂浆层施工时或砂浆层还未硬化时，导致加热管上的卡钉松脱，会使加热管移位)，造成砂浆层地面结构不充实、强度降低和导热性降低。

②卡钉的长度：用卡钉在绝热板上固定加热管时，太长的卡钉会将绝热板扎穿（图 3.24)，导致热量损失。所以，对于不同厚度的绝热板应该选择与之相对应长度的卡钉。

③ 卡钉的施工：在用卡钉固定地暖加热管的时候，可以直接用手工操作，也可以用

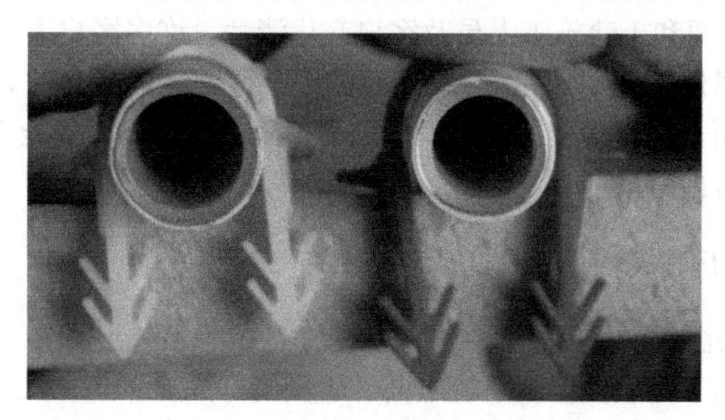

图 3.24　右边的卡钉太长，已将绝热板扎穿，导致热量损失（左边的卡钉好些）

卡钉枪（图 3.25）操作。用手按卡钉简单易行，但费力，且浪费较大；因为一些施工人员在敷设时先随意将卡钉撒在加热管的四周，固定结束后，多余的也不收拾（据我们现场观察，至少浪费 1/3）。使用手动卡钉枪省力，安装牢固，节省卡钉，但事先得将卡钉整齐地排列在卡钉枪上（图 3.26）。由于卡钉施工简单，拆卸和调整也容易，目前是使用最多的；但是因为它在固定时要扎破绝热板，对绝热效果会有一定的影响。

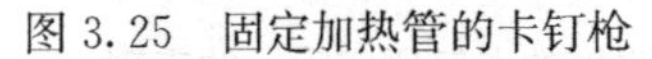

图 3.25　固定加热管的卡钉枪

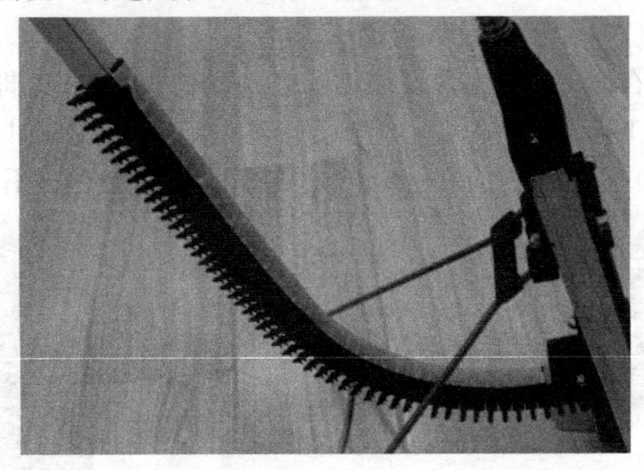

图 3.26　在使用卡钉枪时，需要事先将卡钉安装在卡钉枪上

（4）固定加热管的扎带和管托的敷设

扎带和管托也可以固定加热管（图 3.27）。扎带价格便宜，不会破坏绝热板，固定牢靠，但是拆卸麻烦，施工人员不愿意用。托管施工简单，拆卸也方便，但是价格较高。

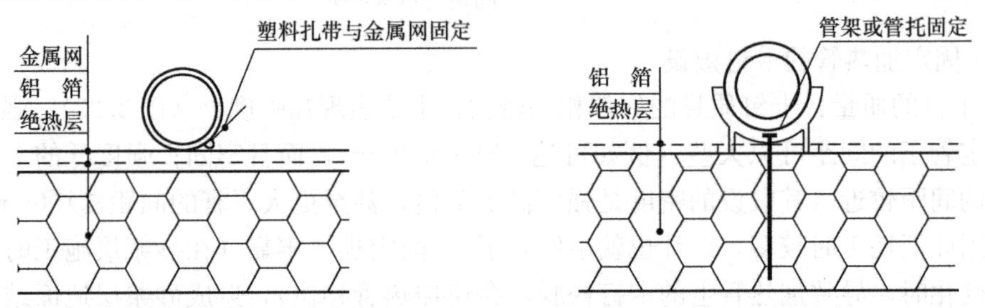

图 3.27　塑料扎带与管托固定加热管

3.4.11　砂浆层铺设厚度

为了防止地面产生应力裂纹或损害，加热管上方的混凝土层厚度必须至少保持在 50～65mm 以上。这需要和土建施工人员及客户交代清楚。许多客户不懂，有些施工人员便按客户的要求一味降低砂浆层厚度，或偷工减料，砂浆层厚度有的只有 10mm、甚至更少，这样易导致地面开裂、散热不均匀、承重强度降低和地面蓄热能力降低。所以安装人员应和客户共同监督砂浆层的施工。

3.4.12　德国地暖的有关参考数据

（1）地暖地面的温度：

出于健康的理由，地表面温度不能过高，否则脚部充血发胀，人体感觉不舒服；而且导致地面温度不均匀。德国规范规定相关地面的最大温度值如下：

人员停留地面：$t_{F,max} \leqslant 29℃$；

卫生间（室温为 24℃时）地面：$t_{F,max} \leqslant 33℃$；

边缘区域地面：$t_{F,max} \leqslant 35℃$。

现在出于节能的需要，德国许多家庭的供暖供/回水温度已经降到 30/25℃，这就要求建筑围护结构的绝热标准很高。

在地暖系统正常运行时，虽然地面不烫，但实际上房间的温度已经达到供暖温度。但是许多客户、甚至一些施工人员会有一些误解，认为这是供暖系统出了问题或是锅炉的问题。一些非专业施工人员打着为客户省钱的幌子，省去混水装置，加热管直接通 80℃的热水，给人感觉效果“特别好”。但是，这种后果就是 PE 地暖管要不了半年就因爆裂而迅速报废。这需要向客户解释清楚，供暖都是以房间中心地面 1.4～1.5m 高处的温度测量为准的。

（2）计算公式：

$$\dot{q} = 8.92 \cdot (t_{F,m} - t_i)^{1.1} \Rightarrow t_{F,m} = \left(\frac{\dot{q}^{\frac{1}{1.1}}}{8.92}\right) + t_i$$

式中　$\dot{q}$——热流密度，W/m^2；

$t_{F,m}$——地表面平均温度，℃；

t_i——标准室内供暖温度，℃。

（3）热流密度和加热地表面温度与室内温度差关系的曲线如图 3.28 和图 3.29 所示。

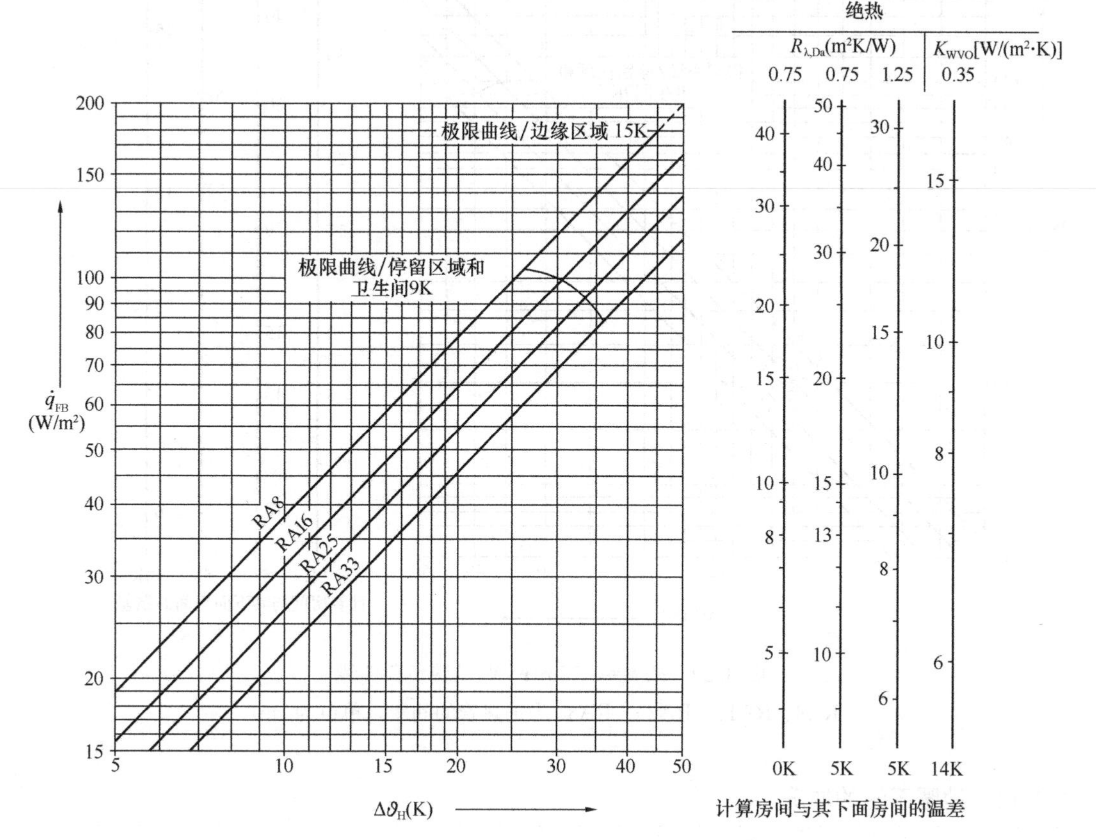

图 3.28　$R_{λ,B}=0.1m^2 \cdot K/W$ 的热负荷曲线

（RA8、RA16、RA25、RA33 为加热管的间距，单位为 cm）

3.4.13　供暖系统采用压缩空气进行密封性试验时的注意事项

地暖系统可以用水压试验，也可以用压缩空气进行气密性试验。因为气体可压缩，存在危险，必须谨慎操作；而且气体膨胀系数大，造成管道膨胀（受压蠕变和应力松弛），对试验结果干扰很大。采用压缩空气试压的步骤是：

（1）对试压管道和构件应采取安全有效的固定和保护措施。

（2）气压试压的压力应为工作压力的1.15倍，最低≥0.6MPa。

（3）采用空气压缩机，经分水器逐渐加压，进行气密性检查。

（4）升压至工作压力时，先升压至全试验压力的50%，稳压5分钟；然后按全试验压力的10%逐级升压，每级稳压3分钟，至全试验压力后稳压10分钟；然后降压至设计压力，稳压5分钟，压降不超过0.05MPa为合格。若压力表指针下降，听声音并用肥皂水涂抹连接处，来检查是否渗漏。

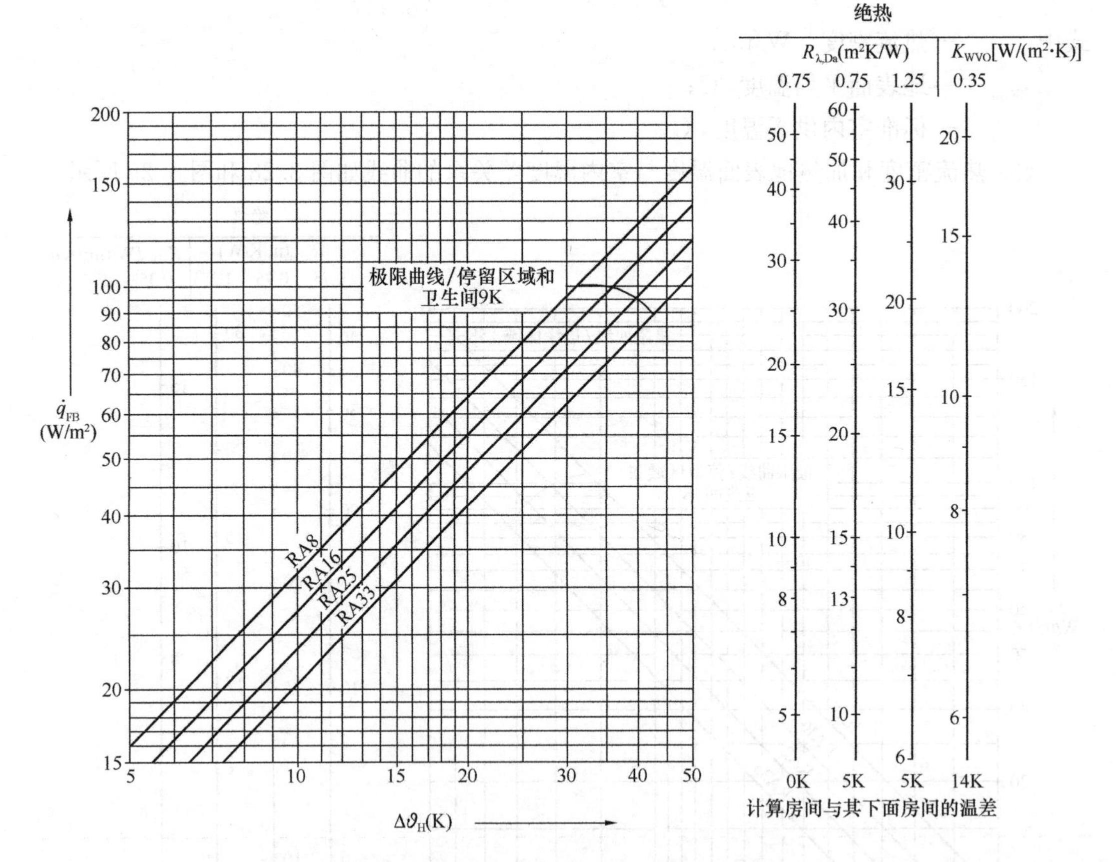

图3.29　$R_{\lambda,B}$=0.15m²K/W的热负荷曲线

（RA8、RA16、RA25、RA33为加热管的间距，单位为cm）

3.4.14　地暖系统的冲洗

由于地暖系统中的水流速度较小，地暖加热管又处于系统的最低点，系统中的脏物会沉积在加热管内，时间长了会增加管道的阻力，甚至堵塞管道，所以地暖加热管应该每年

或每两年（根据水质与系统的情况）冲洗一次。由于现在采用的地暖加热管都是塑料管，水中的氧气对它们不存在腐蚀性。冲洗的要求如下：

（1）冲洗时，按每一个回路单独进行冲洗。首先将加热管的接头从集、分水器上拆下。加热管的接头一端接至冲洗机上，一端放入地漏。

（2）冲洗压力最大为5bar，如果冲洗机上接有安全阀，最大压力口控制为3bar。

（3）用玻璃杯接一些放水端的出水，当水澄清（与进水颜色相同）后即冲洗合格。

（4）注入经处理过的净水。

最好采用自动冲洗机，可以进行严格的控制。国外有些厂家生产的自动冲洗机包括一个储水罐、水泵、安全阀和控制设备等。

4 散热器的安装

4.1 准 备 工 作

4.1.1 信息的收集

（1）阅读供暖施工说明和设计图。

（2）查看和了解：安装房间各类管线的走向与位置及集分水器的位置，了解窗户、家具与各种设施的位置，了解客户窗帘的设计要求。

（3）与客户交流信息：讨论供暖系统的设计图，最后决定散热器的安装位置。

4.1.2 安装条件

（1）供暖干管、立管与接往各散热器的支管已安装完毕，且接往各散热器的供、回水支管位置正确，这些支管的标高符合要求。

（2）安装散热器房间的墙面与地面装饰已完成。

（3）散热器安装的位置及其附近已清理干净。

4.1.3 准备施工材料

（1）散热器：将需安装的各个房间散热器搬运至安装位置附近。

（2）散热器的固定件：托勾、挂装固定件、膨胀螺栓。

（3）散热器的排气阀：用于供暖系统冲洗、密封性试验、初期运行和周期运行时的排气。

（4）散热器的温控阀：用于自动调节散热器所在房间的温度。

（5）散热器的连接件：检查是否符合散热器与支管的连接方式和管径尺寸。

4.1.4 准备安装工具

（1）木工铅笔、500mm钢直尺、卷尺、水平尺(±0.5mm)、200mm十字起、200mm一字起、2P手锤、老虎钳、水泵钳、呆扳。

（2）冲击电钻、冲击钻头、电缆盘。

4.2 安 装 的 实 施

4.2.1 散热器的开箱查验与冲洗

（1）核对散热器的型号和规格是否与设计图纸相符，将散热器开箱或开包后，轻轻地放在包装箱的硬纸板上或塑料膜上。

(2) 检查散热器是否有产品合格证，附件是否齐全。

(3) 若供应商提供的是片状散热器，应用专用工具进行组对。

(4) 检查散热器外观：检查散热器是否有外观缺陷（例如油漆是否完好、外观是否有变形、背面挂件是否完好等）。

(5) 务必用干净水冲洗散热器，把在车间加工散热器时遗留的脏物冲洗掉；也可以在水压试验之后进行冲洗。

4.2.2 测量、钻孔与固定散热器支架

(1) 测量散热器背面固定挂件（图 4.1）的相关尺寸（即：散热器背面上部两侧挂件的水平中心距离 L 和上部挂件下沿与钢制散热器下沿的距离 H）；先在墙面上确定和画出散热器的中心线，再以该中心线向左右两侧 $L/2$ 距离画出散热器两侧挂件中心线。

图 4.1 钢制板式散热器背面固定挂件

(2) 根据散热器与墙的间距大小不同的需要，选择确定散热器固定支架安装的方向（图 4.2）。将固定支架与墙面垂直的一边放在所画的两侧挂件中心线上，调整高度，直至固定支架的挂槽安上防振垫后的高度等于散热器上部挂件下沿与散热器下沿的距离 H+散热器下沿与地面的间距；在挂件紧贴墙面的槽孔处画出膨胀螺栓胀管孔的中心，用水平尺校正两个中心孔的水平度，确定胀管的钻孔中心。

(3) 选择 6mm 的冲击钻头，安装冲击电钻，确定钻孔深度（一般约为 50mm 深），用冲击电钻钻孔。将胀管放入孔中，安装固定支架，再次用水平尺校正两侧固定支架的水平度与高度。

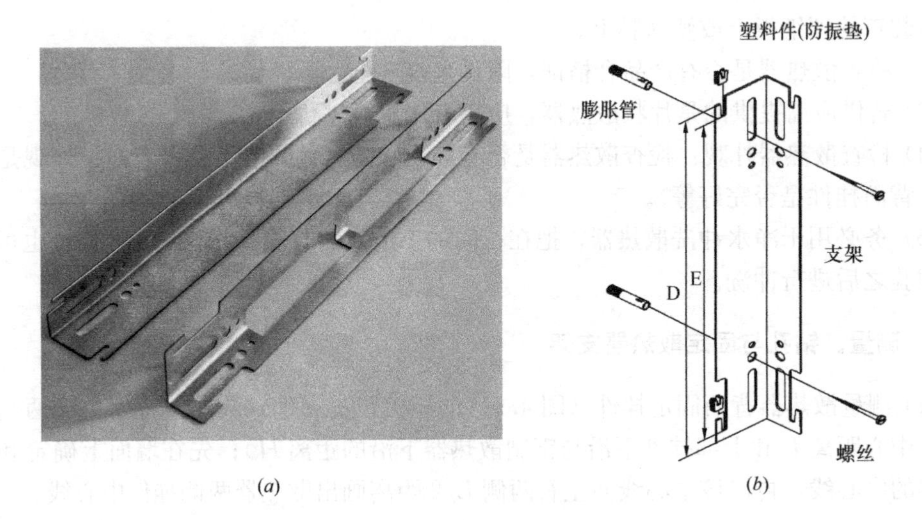

图 4.2 钢制板式散热器固定支架

(*a*) 支架两侧不一样宽，可以根据散热器与墙间距不同的需要选择挂某一侧；(*b*) 固定支架安装示意图

4.2.3 挂装散热器

(1) 将防振隔声垫安装在散热器固定支架上（图 4.3），千万别丢弃，检查与调整固定支架的水平度。

(2) 将散热器挂装在支架上，再一次测量散热器的安装尺寸，并用水平尺校核散热器的水平度，调整到位。

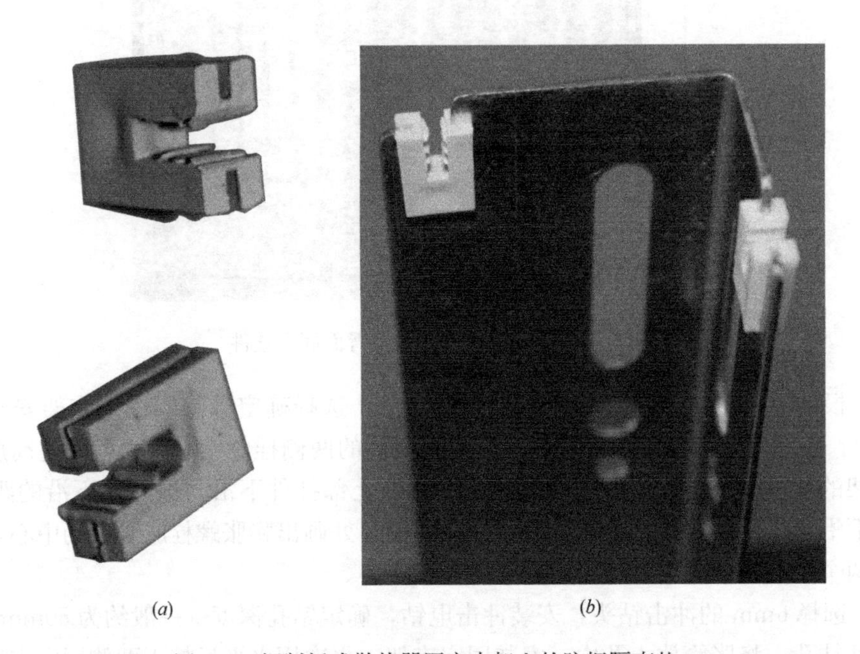

图 4.3 钢制板式散热器固定支架上的防振隔声垫

4.2.4 安装散热器附件与供回水支管

（1）将散热器四个连接接口上的堵头全部（图 4.4）卸下来；除了需要连接供水管的进水口、连接回水管的出水口以及连接排气阀的排气口外，将散热器的第四个接口用丝扣堵头加密封圈堵上。

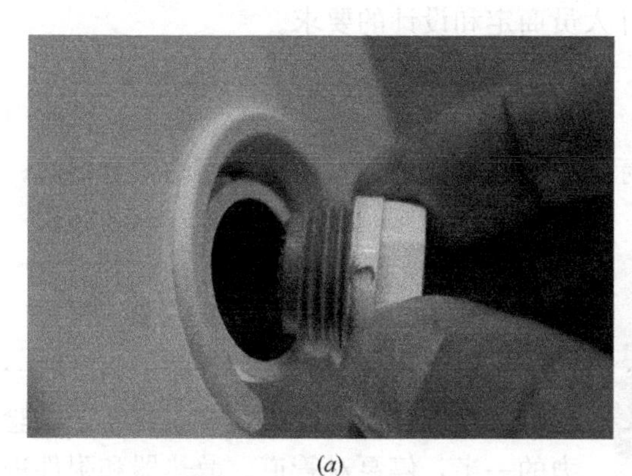

(*a*)

(*b*)

图 4.4 拆下散热器上的堵头

(*a*) 该堵头逆时针旋下；(*b*) 该塑料堵头用一字起子拨出

（2）在散热器的进水口安装散热器温控阀（图 4.5）或手动调节阀（图 4.6），在散热器的出水口上安装回水锁闭阀（图 4.7），连接散热器供、回水支管。

（3）安装散热器排气阀。

图 4.5 温控阀（上部为阀体，下部为传感器和调节旋柄）

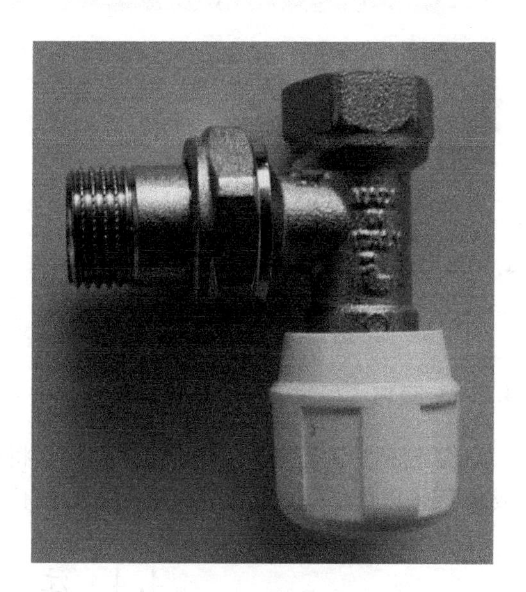

图 4.6 手动调节阀

4.3 安装质量的验收与交付

4.3.1 验收散热器的规格与型号

散热器的规格与型号应符合客户与设计人员商定和设计的要求。

4.3.2 验收散热器的安装

散热器安装位置符合设计要求；安装标高或散热器与地面及窗台的间距符合要求；散热器安装应注意横平竖直，美观，无损伤。

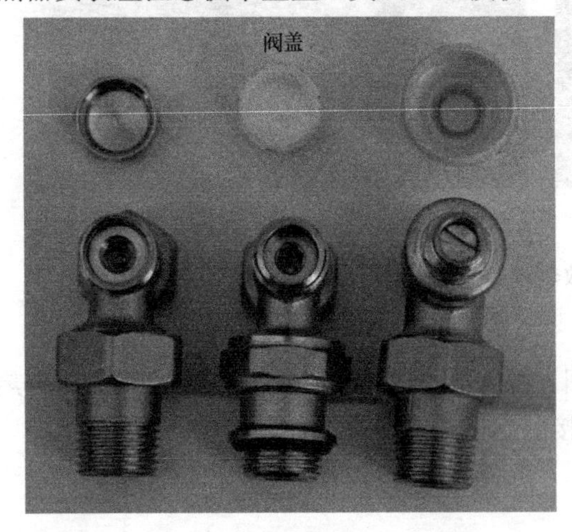

图 4.7 不同形式的散热器回水锁闭阀（平时用阀盖盖上。左边或中间的阀盖通过螺纹拧上且用内六角扳手启闭，右边的阀盖直接压上且用一字起启闭）

4.3.3 散热器与管道系统的水压试验

（1）水压试验注水时，应用钥匙或一字起对每组散热器多次排气。先打压至试验压力的一半，停泵对管道、散热器和附件进行检查，无异常后继续升压。一般分 2～3 次升压。

（2）散热器的试验压力为 1.5 倍工作压力（若采用塑料管或铝塑复合管的供暖系统，系统顶点的压力为工作压力＋0.2MPa 并≤0.4 MPa）。在独立供暖系统中，散热器的水压试验和管道水压试验一起做。钢制和铜铝复合制散热器的试验压力不小于 0.6MPa；铸铁散热器的试验压力一般不大于 0.4 MPa。2min 内不渗不漏，则水压试验合格。保压至工作压力。

4.3.4 完成档案资料的搜集与归档

将出厂合格证书、水压试验、冲洗记录等交公司、客户各留存一份。

4.3.5 交付

若散热器排气阀配有启闭用钥匙的，将钥匙交 1 把给客户；并教会客户如何使用钥匙或一字起开启和关闭散热器排气阀，叮咛什么时候开启、什么时候关闭。

4.4 注 意 事 项

4.4.1 散热器的选择

现在散热器的类型较多，大致有以下几种。

（1）根据材质：有钢制、铸铁制、铜铝复合制、铝制等散热器（图 4.8）。

① 钢制的散热器：美观、清洁容易，耐压高，尺寸多；耐腐蚀性略差，适于独立供暖系统，不适用于开式集中供热系统（因为空气易进入系统中）。若增加前置除污器，也可以用于闭式集中供热系统。

② 铸铁制散热器：耐腐蚀性好，蓄热能力较强；但表面不光滑，易积灰、清洁较难，耐压低，笨重，逐渐被淘汰，但由于价格低、热惰性大，在空间较大的别墅和农村仍有一定市场。

③ 铜铝复合制散热器：耐腐蚀性好，耐压高，尺寸多，导热快；但表面不光滑，易积灰、清洁较难；特别是由于铜铝两种金属的热膨胀系数不同和共振效应产生的热阻，会随着使用时间的增长使散热量逐渐递减。适于北方集中供热系统。

④ 铝制散热器：耐腐蚀性好（但不耐酸性或碱性水），散热效果好，轻便，相同热功率的情况下体积最小，但由于铝的焊接要求高，焊接不好易出现渗漏。

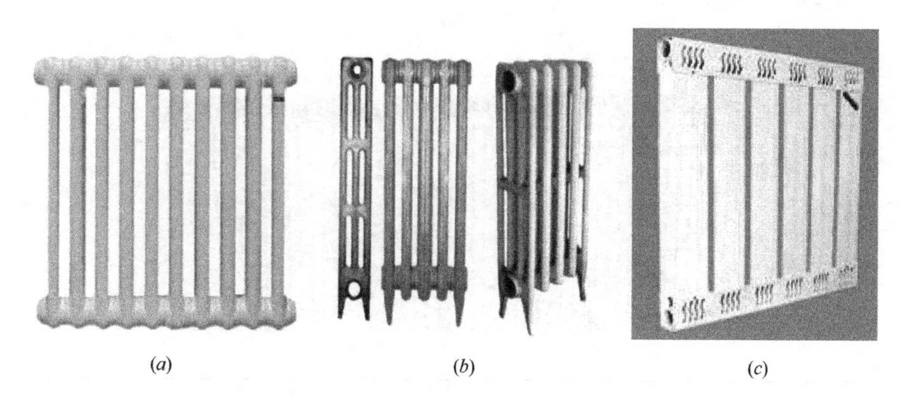

(*a*)　(*b*)　(*c*)

图 4.8　不同材质的柱式散热器

（*a*）钢制柱式散热器；（*b*）铸铁柱式散热器；（*c*）铜铝复合制柱式散热器

（2）根据作用原理：有辐射式（一般为柱式，见图 4.8）和对流式（一般为板式、翼式或钢串片式，见图 4.1 和图 4.9）。

① 辐射式散热器：主要以辐射的形式散热，可以迅速地将热量辐射到散热器附近的人体。也就是说，散热器可以直接辐射到的位置很快就被加热了，对于有障碍物的位置热得就慢，整个房间升温较慢，且温度不均匀，舒适性较差。

② 对流式散热器：50％以上的热量以对流的形式散出，整个房间升温较快，温度较均匀，舒适性较好。

柱式散热器相对耗材较多，价格较贵，热水容积较大，加热时间较长，但蓄热时间也长。柱式散热器组装灵活（图 4.10），现在供应商一般都提供组对预装好的柱式散热器，施工单位不需要现场组对安装。

钢制板式散热器相对耗材较少，价格较便宜，热水容积较小，加热时间较短，但蓄热时间也较短。一般情况下，板式散热器的背面配有空气导流片（又称为翅片），常见的类型见图 4.11。

根据用途和装饰，散热器又有很多异形的散热器，但使用较少。

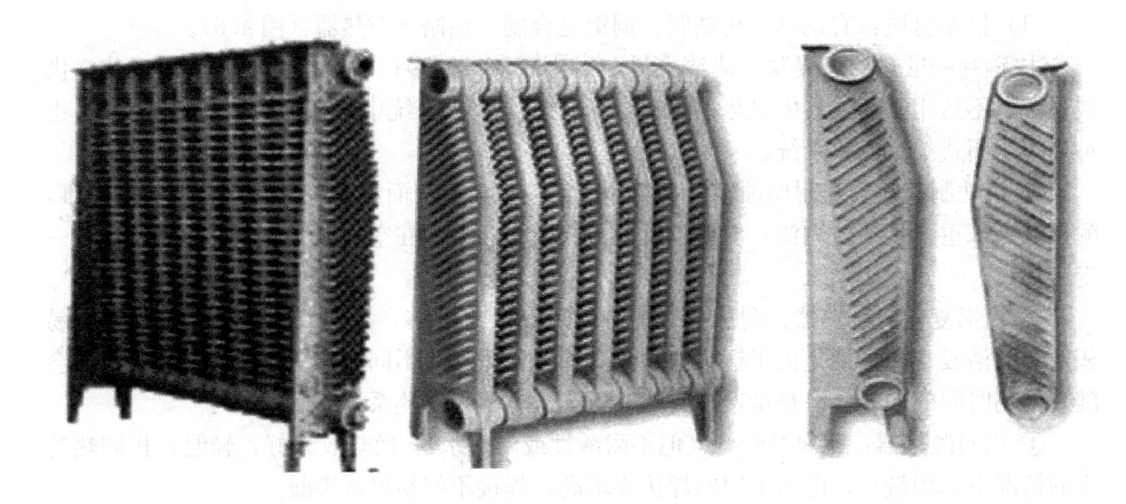

(*a*)

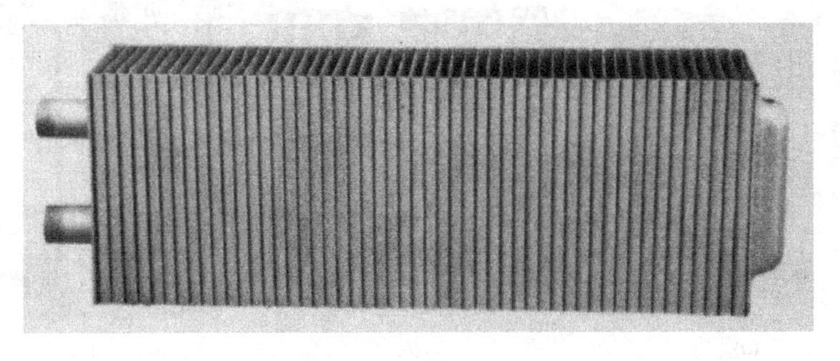

(*b*)

图 4.9　不同材质和结构的对流式散热器

（*a*）铸铁定向对流散热器；（*b*）钢串片对流式散热器

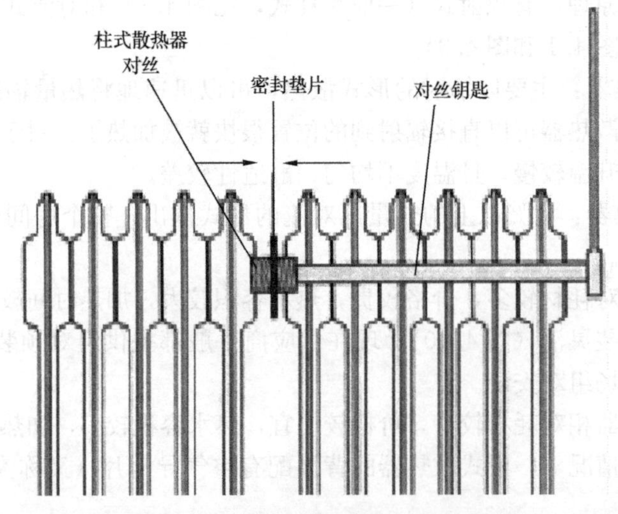

图 4.10　用对丝钥匙拆装柱式散热器

（对丝两外侧分别配有右螺纹和左螺纹，一般是管螺纹 G1¼）

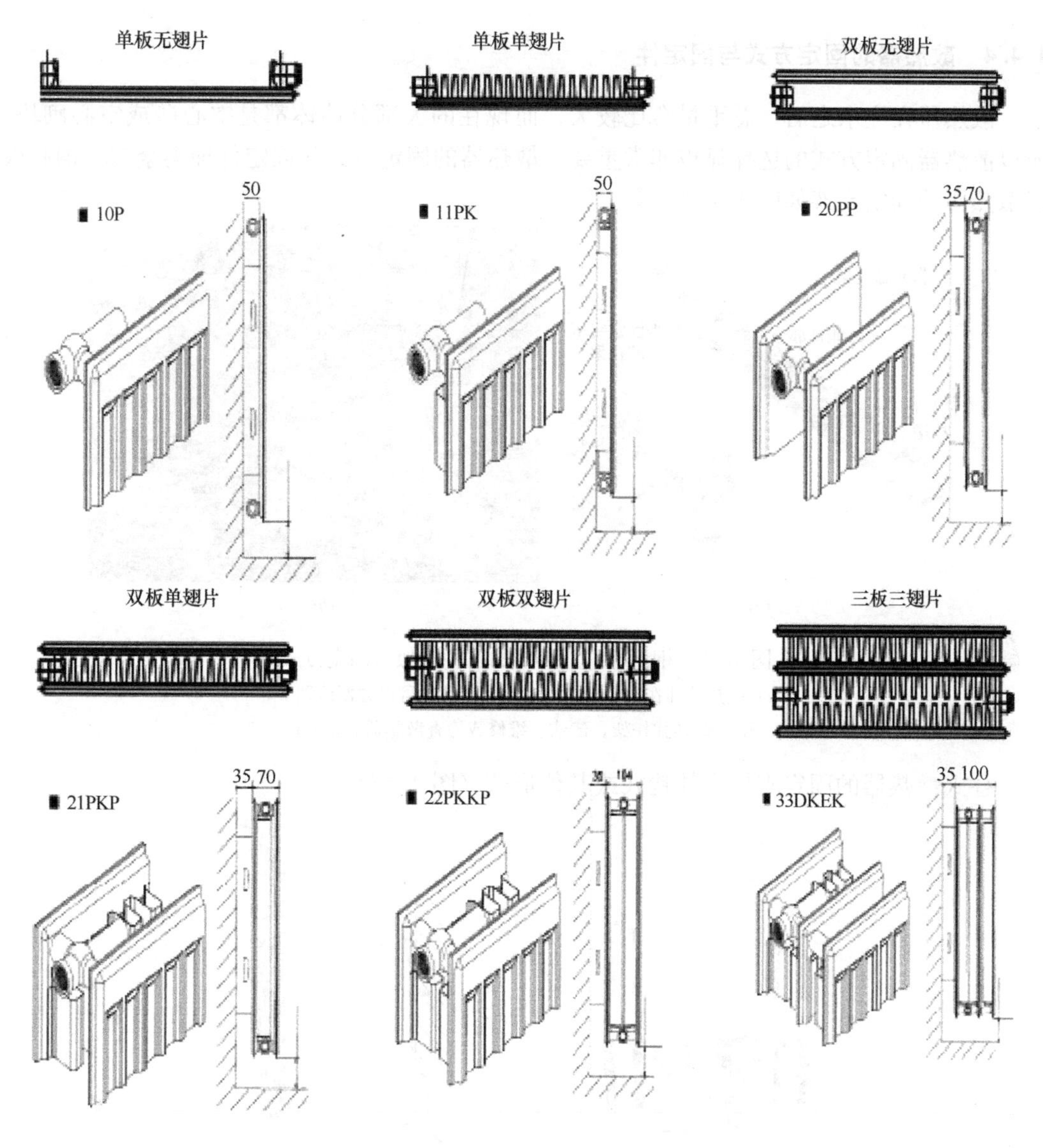

图 4.11　钢制板式散热器的不同类型与型号
（P：板，K：翅片，数字：板或翅片的数量）

4.4.2　散热器的冲洗

散热器制造时遗留在散热器里面的脏物会堵塞管道、集分水器或壁挂炉中的热交换器；钢制散热器在工厂喷涂前外表面需要酸洗，导致部分酸液进入并留在散热器内部，会腐蚀散热器。所以散热器在安装前应进行冲洗，最好先用压缩空气吹洗一遍，然后再用水冲洗两遍。

4.4.3　安装散热器的工具

安装散热器及其附件时不允许使用管钳，而应使用合适的扳手，以免管钳的牙口损伤连接件表面，影响美观。若使用水泵钳安装，因水泵钳也有牙口，最好先用抹布将锁紧螺母包起来，再用水泵钳卡在抹布外面拧紧。

4.4.4 散热器的固定方式与固定件

散热器在注水之后，总重量会比较大。而现在的大部分墙体都是空心砖或空心砌块，所以散热器固定方式的选择显得非常重要。散热器的固定方式与固定件种类繁多，钢制板式散热器的固定支架如图 4.12 所示。

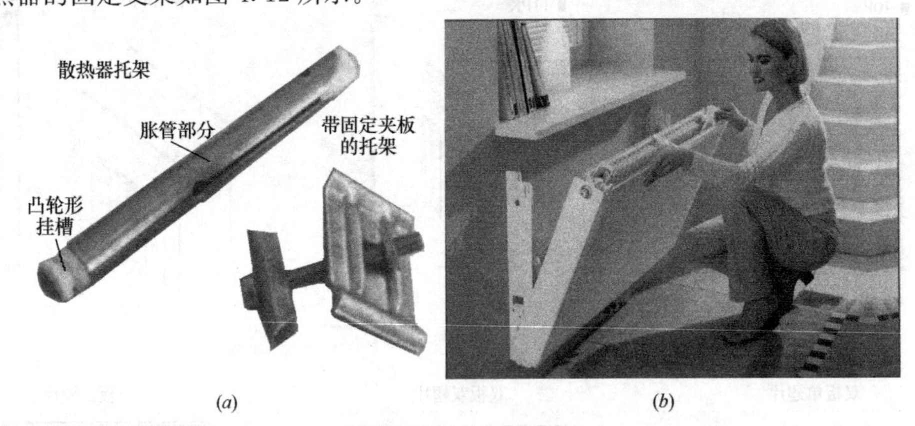

图 4.12　钢制板式散热器的几种托架与固定方式

(*a*) 散热器挂在凸轮形挂槽中，其水平度可以方便地调节；

(*b*) 可翻转式托架，清洁、维修或检查散热器时很方便

柱式散热器的固定支架有挂钩式或其他形式（图 4.13）。

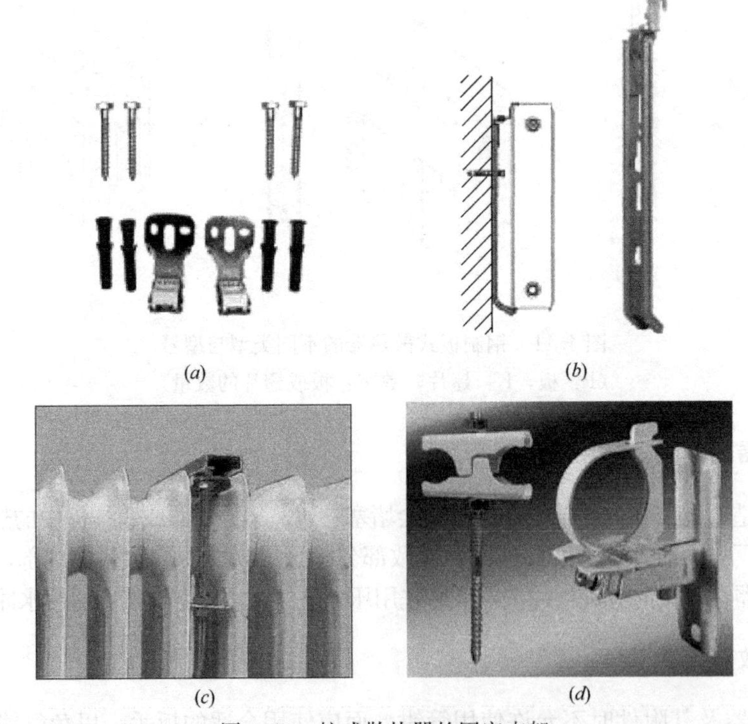

图 4.13　柱式散热器的固定支架

(*a*) 散热器挂钩；(*b*) 柱式散热器整体支架的固定示意图；(*c*) 柱式散热器上部固定详图；(*d*) 管式与柱式散热器卡箍形固定支架

有些散热器自带柱脚，落地安装的柱式散热器脚片数量要分布均匀对称。铸铁柱式散热器 14 片及以下的安装两个脚片，宜安装在两端的第 2 至第 3 片上；15～24 片的应安装 3 个脚片，25 片及以上的安装 4 个脚片。

有些散热器安装在可以直接立于地面的专门支架上（图 4.14）。当有些客户要求安装落地窗帘时，可以用带柱脚的钢制板式散热器，但是这种带柱脚的散热器对于打扫卫生就不太方便，而且窗帘放在散热器后面会吸收一部分辐射热量，从窗户缝隙渗入的冷空气还会顺着落地窗帘向下沉降，影响空气的正常对流、降低散热器的热功率。所以应尽量建议客户选择窗户下安装墙挂式散热器，不要选用落地窗帘（窗帘的高度只要与窗台平齐即可），或者选用百叶窗，既不影响美观，也不影响热空气的对流。

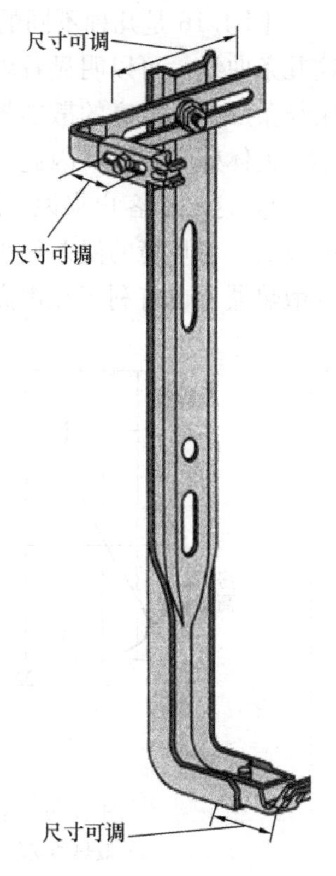

图 4.14　散热器固定在地面的一种支架——落地支架

4.4.5　散热器的水平度控制

因为有些建筑物室内的地坪水平度误差较大，安装前仅仅以地坪为基准来测量散热器两侧高度是不准确的，这样会造成钢制板式散热器水平度差异较大，所以最后调整散热器的水平度时必须依靠水平尺控制。

4.4.6　散热器布置的要求

（1）散热器的布置位置：

散热器一般宜布置在室内温差比较大的地方，即安装在外墙与窗户正中的下面，便于冷热空气的正确对流（图 4.15）。

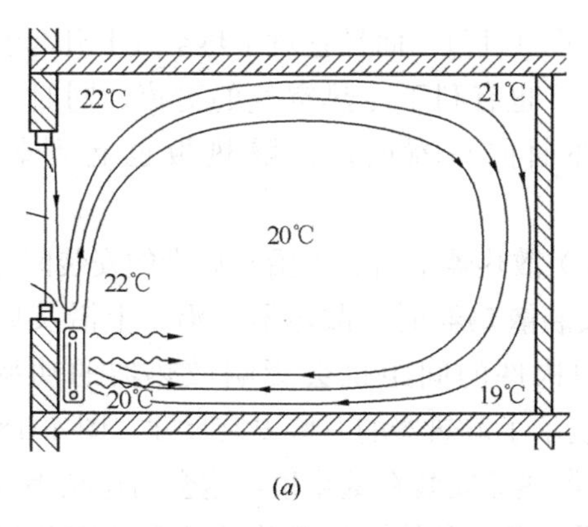

(a)

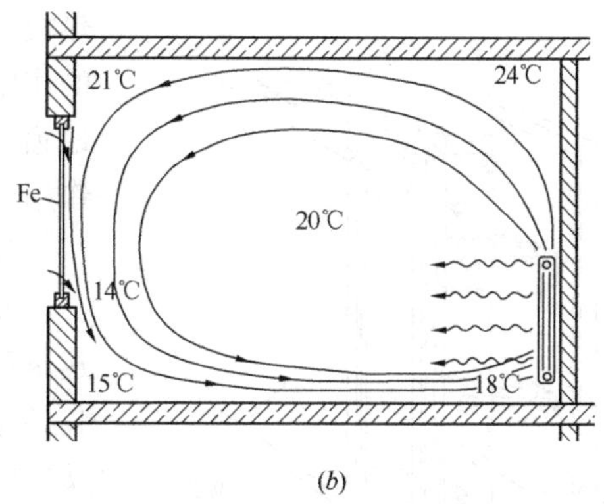

(b)

图 4.15　散热器安装在不同位置所导致的空气对流情况示意图

(a) 散热器安装在外墙窗户下：因为通过窗户缝隙进入室内的冷空气密度较大而下沉，冷空气落到散热器上并被散热器加热而上升；而远离窗户、靠近顶棚的空气温度较低而下沉，冷热空气的对流使室内空气温度比较均匀；(b) 散热器安装在内墙：因为通过窗户缝隙进入的冷空气下沉，使地面温度较低、室内空气温度不均衡，人体舒适度差些

图 4.16 是几种不同的散热器安装在不同位置情况下的室内空气温度梯度曲线。比较这几条曲线，可以明显看出，与窗户同宽的低温热水散热器供暖的空气温度梯度最佳。使用长条形、不太高的散热器，会产生低速的、尽可能宽的空气圆柱体；由于空气流速减小，人体感觉舒适。因此在与客户交流信息时，可以建议采用低温热水供暖（水温低于60℃），这对于客户来说，既有利于其供暖的舒适性，也有利于节能（因为供暖系统的温度较低，与环境的温差就小，热量散失就少），减少运行费用；而客户采用较大面积的钢制散热器，也有利于经销商的销售利益，是一个双赢的结果。

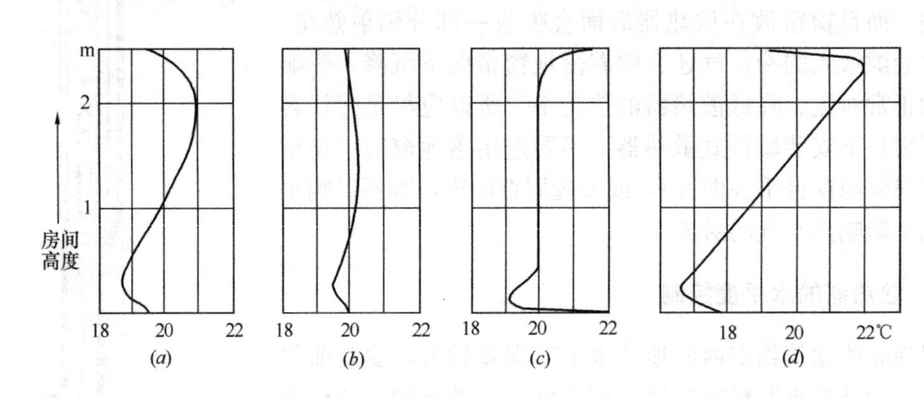

图 4.16　不同散热器在不同位置所测量的室内空气温度梯度曲线

（*a*）散热器安装在窗户下方，供水温度为 80℃；（*b*）窗户同宽的散热器，低温水（＜60℃）供暖；（*c*）敷设在楼层之间的地暖加热管，即地面式供暖；（*d*）安装在内墙的散热器，供水温度较高（＞80℃）

（2）落地窗前的散热器安装：

有些住户采用了落地窗。由于落地窗的玻璃板比墙体薄得多、导热系数也较大，散热器辐射的热量极易通过窗户玻璃传导出去，所以应在散热器与玻璃之间设置一块反射与隔热板（图 4.17），而且它对于热空气上升起着导流的作用，也有利于冷热空气的对流；同时，从落地窗外面向里看时，该隔热板也起到装饰的作用。

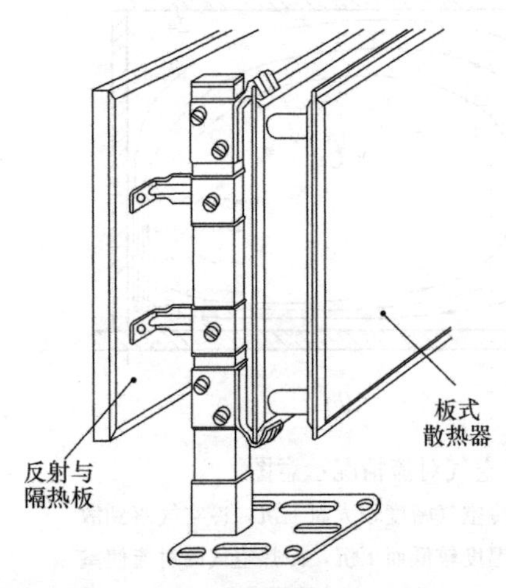

图 4.17　在落地窗前散热器的正确安装

（3）散热器上沿、下沿与后沿的安装间隙：

安装散热器时，散热器下沿、上沿及后沿与建筑物构件的间距也会影响散热器的功率，图 4.18 表示了散热器的一些安装尺寸。图 4.18 中的（*b*）为散热器安装在壁龛里，这会明显减小散热器的实际功率，尤其影响散热器功率的安装尺寸是散热器上沿与壁龛顶外侧的间距 Δh（图 4.18）。Δh 的最佳值在 65mm 左右（图 4.19）。

（4）图 4.20 为钢制板式散热器正确与错误的几个布置实例，供施工人员与客户参考。

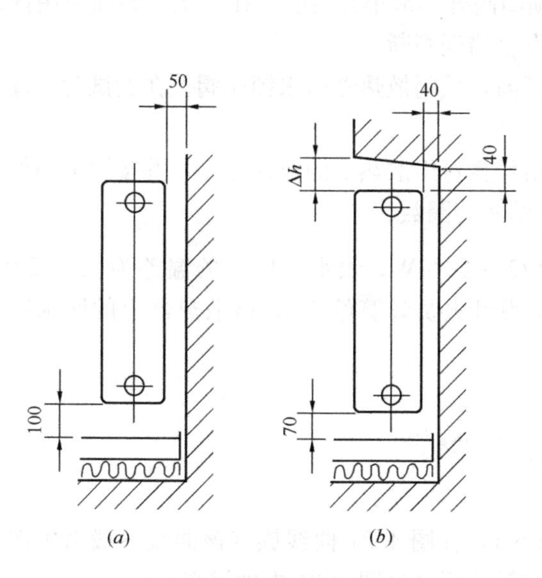

图 4.18　散热器下沿、上沿及后沿与建筑物构件的间距

(a) 散热器裸装在墙前；

(b) 散热器安装在壁龛里

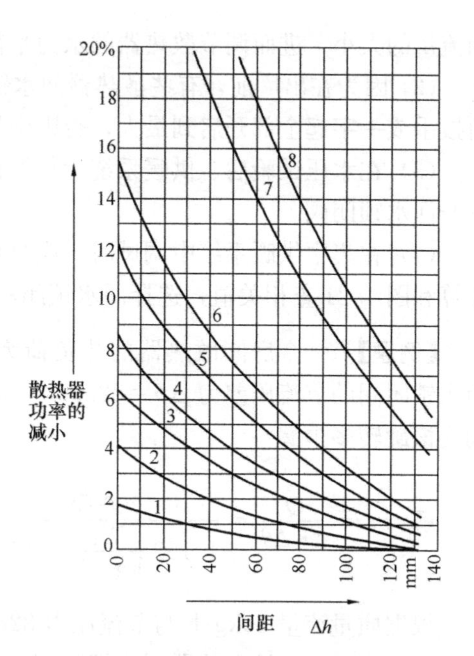

图 4.19　散热器上沿与壁龛顶外侧间距对散热器实际功率的影响

1—管式散热器、窄柱式散热器；2—铸铁辐射式散热器、钢制辐射式散热器；3—封闭对流板式散热器（单板单翅片）；4—封闭对流板式散热器（双板单翅片）；5—封闭对流板式散热器（单板双翅片）；6—封闭对流板式散热器（3 组单板单翅片）；7—封闭对流板式散热器（双板双翅片）；8—封闭对流板式散热器（双板 3 翅片）

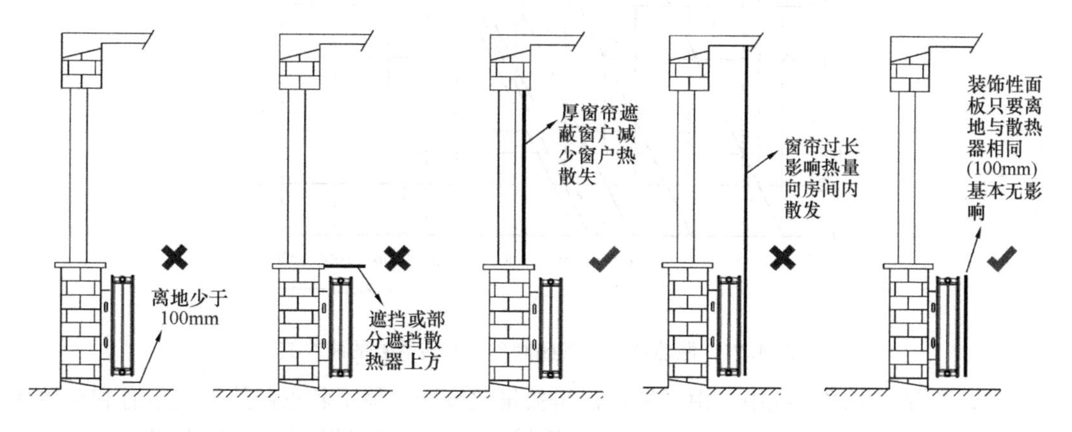

图 4.20　钢制板式散热器一些布置实例

4.4.7　散热器回水锁闭阀的安装与调试

（1）散热器的出水口应安装回水锁闭阀，其主要作用有两个：第一个作用是以后维修或更换散热器时关闭回路，系统中的水不至于全部放出；第二个作用是可以调节压力损失

和流量的大小，进而调节散热器的水力平衡（见例题）。

(2) 因为在出厂前，有些散热器回水锁闭阀处于最小开启度，在水压试验前应用内六角扳手或一字起全部开启到最大，否则会发生错误判断。

(3) 在水压试验后、供暖系统运行调试前，关闭散热器回水锁闭阀。在调试时，逐个打开回水锁闭阀。

(4) 在集中供暖系统中调试时，应严格计算每组散热器的节流压差，并按照下面例题计算和图 4.21 查相关值，选择回水锁闭阀的旋转圈数。

【例题】 一个房间散热器的热负荷为 $\dot{Q}=2000\text{W}$，供水与回水的温差为 $\Delta\theta=20\text{K}$，回水锁闭阀的节流压差为 $\Delta p=82\text{mbar}$（由设计人员计算给出），该散热器上的回水锁闭阀应该旋转多少圈？

解： $$\dot{m}=\frac{\dot{Q}}{c\cdot\Delta\theta}=\frac{2000\text{W}}{1.163\ \frac{\text{Wh}}{\text{kg}\cdot\text{K}}\times 20\text{K}}=86\text{kg/h}$$

根据质量流量 86kg/h 与节流压力 82mbar，在图 4.21 曲线族（该曲线一般由生产厂家提供）中查得：该散热器回水锁闭阀应旋转一圈（见图 4.21 中虚线交点）。

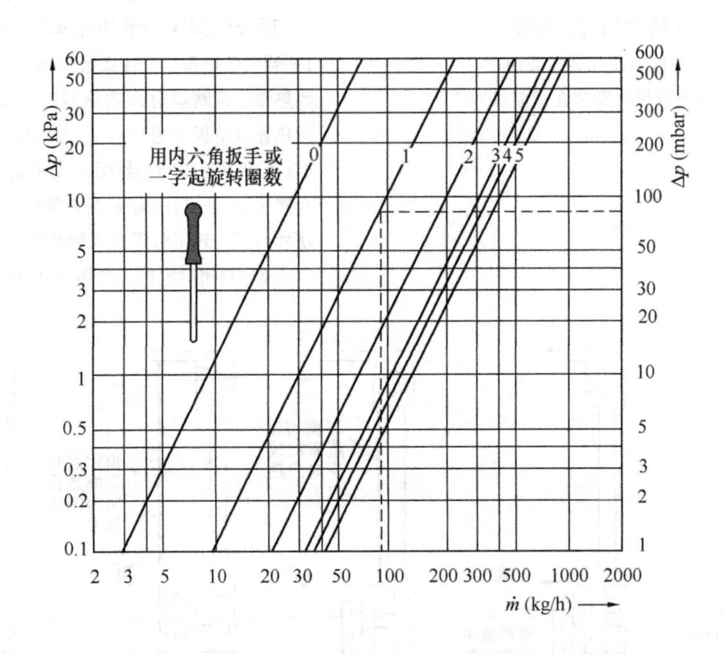

图 4.21 散热器回水锁闭阀预调旋转圈数的曲线族

(5) 在独立供暖系统中，由于散热器组数量比较少，最不利点散热器与最有利点散热器的管道沿程阻力和局部阻力之和相差不是很大，所以可以根据经验粗略调节回水锁闭阀。离壁挂炉很近的散热器，回水锁闭阀开启 1～2 圈；离壁挂炉最远的散热器，回水锁闭阀开启 5 圈；处于中间位置的散热器，回水锁闭阀开启 3～4 圈。另外还要考虑散热器的功率和流量，多次反复调试，直至满意为止（图 4.22）。温控阀的预调放在调节控制技术一章介绍。

4.4.8 散热器支管的连接形式

散热器支管的连接形式有多种，最常见的一般有两种（图 4.23）：

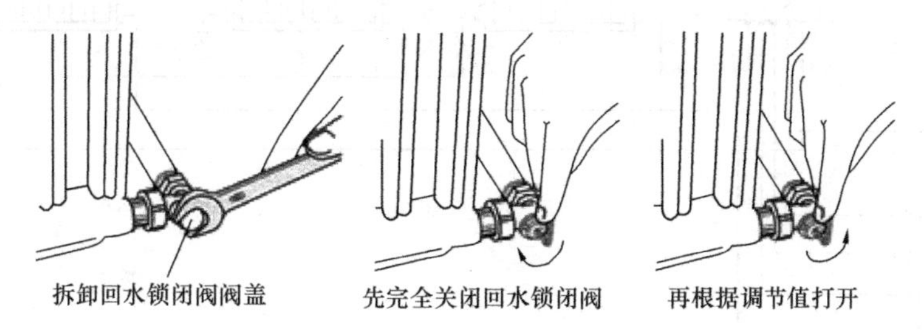
拆卸回水锁闭阀阀盖
先完全关闭回水锁闭阀
再根据调节值打开

图 4.22 散热器回水锁闭阀的调节方法

（1）散热器支管都布置在同侧——上端连接供水管、下侧连接回水管。

（2）散热器支管布置在异侧——上端连接供水管、下侧连接回水管。

为使散热器温度均匀，30 片以上的柱式散热器或长度大于 1.5m 的板式散热器宜用异侧连接，其他的散热器一般采用同侧连接。

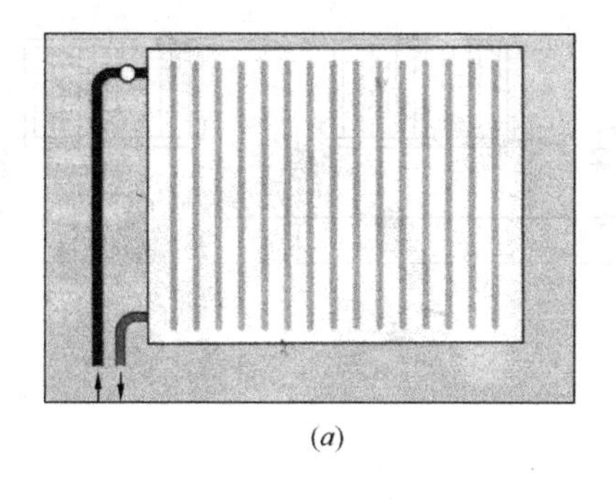

(*a*)

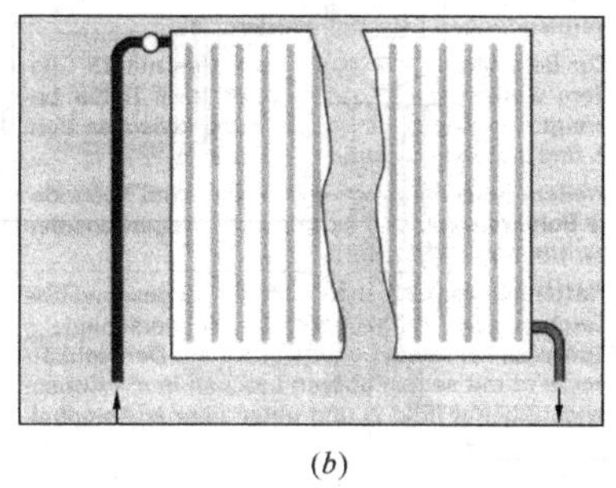

(*b*)

图 4.23 散热器支管的两种主要连接形式

（*a*）散热器的同侧连接；（*b*）散热器的异侧连接

4.4.9 独立供暖系统的干管辐射形式

独立供暖系统的双管系统：独立供暖系统一般不采用单管系统，而采用双管系统。

（1）同程式双管供暖系统（图 4.24）

优点：每组散热器供水与回水总管路长度相同，解决了水力平衡问题。

缺点：离热源较近的管路增加，投资增加；由于每个房间要求的散热量是不一样的，每一组散热器的热量不一样，这样每组散热器需要的循环水量也不一样，不能保证每组散热器按照需要的循环水量自动调节。相反可能造成每组散热器流量平均分配，这就使大的散热器因为流量不够而造成散热量不够。通过带有预设定调节的温控阀才能够真正解决所有的平衡问题。

（2）异程式双管供暖系统（图 4.25）

优点：布置灵活，供水与回水总管路较短，投资较省。

缺点：由于每组散热器供水与回水总管路长度不相同，水力平衡调节比较困难，离热

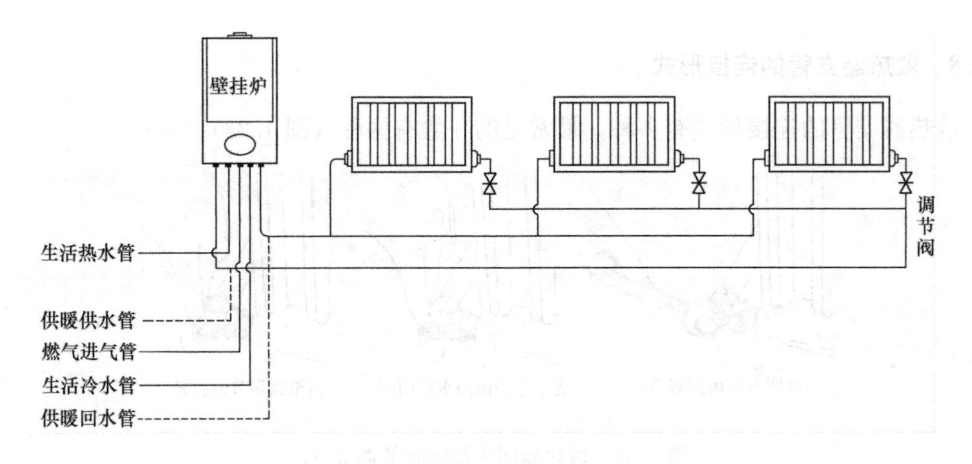

壁挂炉
调
节
阀
生活热水管
供暖供水管
燃气进气管
生活冷水管
供暖回水管
图 4.24　同程式双管供暖系统

源较近的散热器总阻力较低，流量较大，散热器温度较高；反之，离热源较远的散热器总阻力较大，流量较小，则散热器温度较低，需要反复调节。

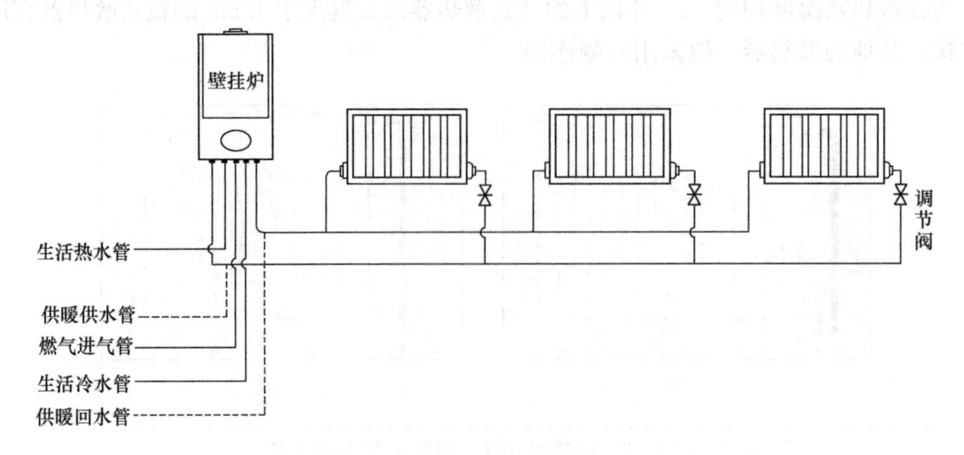

壁挂炉
调
节
阀
生活热水管
供暖供水管
燃气进气管
生活冷水管
供暖回水管
图 4.25　异程式双管供暖系统

（3）章鱼式双管供暖系统（即带集、分水器系统，图 4.26）

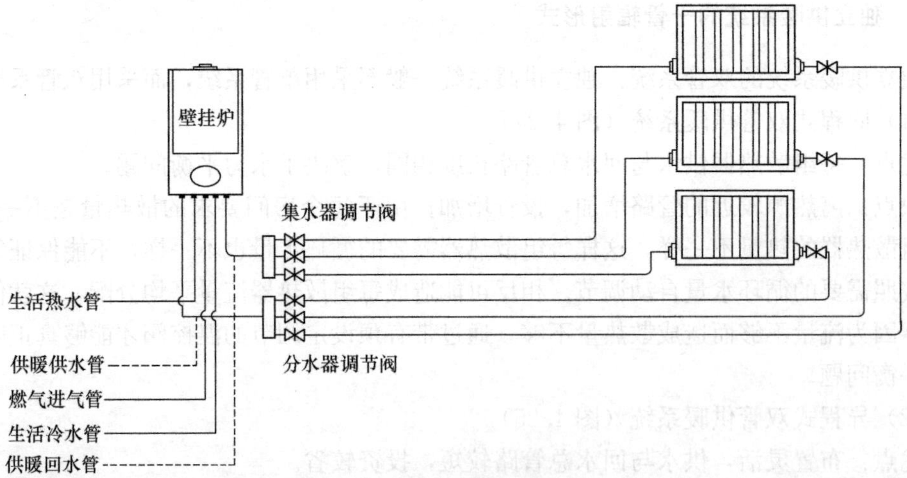

壁挂炉
集水器调节阀
生活热水管
分水器调节阀
供暖供水管
燃气进气管
生活冷水管
供暖回水管
图 4.26　章鱼式双管供暖系统

优点：水力平衡与热力平衡调节较方便，系统安全性较高。

缺点：管材消耗较多，投资较大。

4.4.10 散热器的温控阀

(1) 温控阀是根据其内部的一个温度传感器感应室内温度的高低，自动调节供水的流量，进而调节散热器的发热量，影响室内的温度。温控阀安装的关键点是不要让散热器和管道的辐射热量直接影响到温控阀的传感器上。

(2) 如若温控阀安装不正确，其内部的温度传感器感应就不正确而影响其正确地调节。图 4.27 显示了温控阀的一些正确与错误的安装。室内的装修应使室内空气能无阻碍地流动到温控阀的传感器上，但是窗帘挂装不当或散热器前的遮挡格栅会使温控阀柄（传感器）产生局部集热，使传感器发生误报。这时，就要将温控阀柄与温度传感器分开，采用远程传感器（图 4.28）。

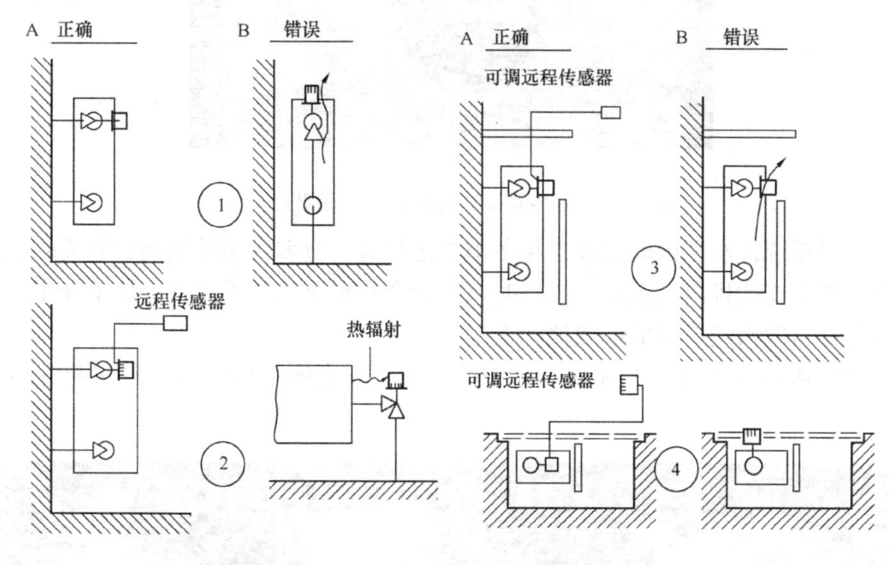

图 4.27 散热器温控阀安装举例

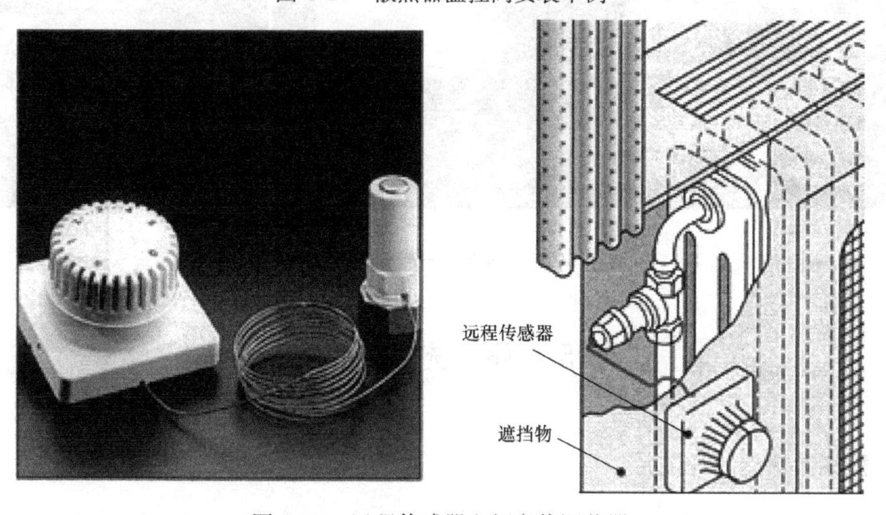

图 4.28 远程传感器和额定值调节器

(3) 温控阀还有一个作用是调节分系统的水力平衡。详见调节控制系统章节。

4.4.11 散热器排气阀

(1) 排气阀应安装在散热器某一侧的上部接口，排气口宜朝向上方（图 4.29），因为当有水泄出时，可视空气基本排尽。排气口朝上，容易观察到是否有水泄出，即便于观察排气情况。

图 4.29 散热器排气阀的排气口宜朝上安装

(2) 供暖系统在水压试验时和每年冬季初运行时，应多次用排气阀钥匙或一字起手动排气，直至有水连续排出后关闭。排气时，因为会有水泄出，需准备一块干抹布放在排气阀旁边以免排出的水喷射到墙面或地面上。

(3) 将散热器排气钥匙（图 4.30）交给客户，教会他使用钥匙或一字起开启和关闭排气阀。

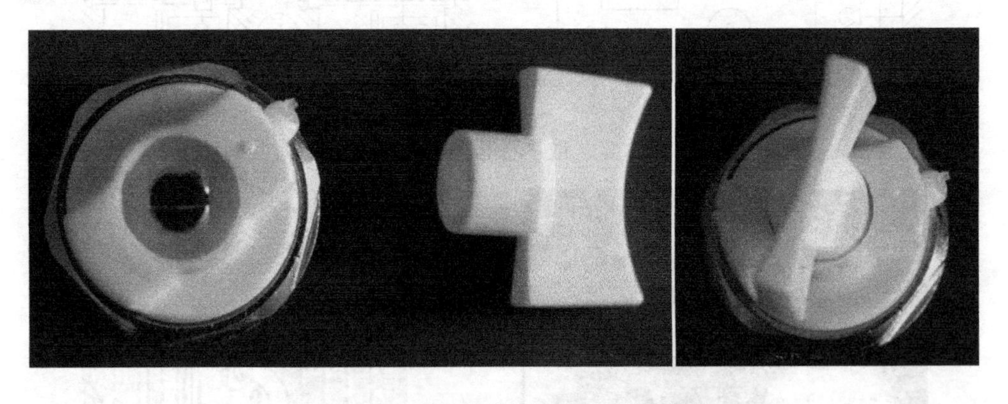

图 4.30 散热器排气阀与启闭的钥匙

4.5 补 充 信 息

4.5.1 板式散热器的导流片

钢制板式散热器属于对流式散热器，它产生的热量主要是以对流的方式（大于 50%）

散发的。这种散热器的背面一般有翅片（又称空气对流导流片），用于增大散热器的换热面积。翅片应该是连续的（图 4.31）。有些厂家生产的散热器的翅片是断开的（价格比较便宜，因为有盖板遮挡，无法观察到），这样空气的流动会发生中断，在散热器里发生紊流，散热器发热量将低于具有连续导流片的相同规格的散热器。

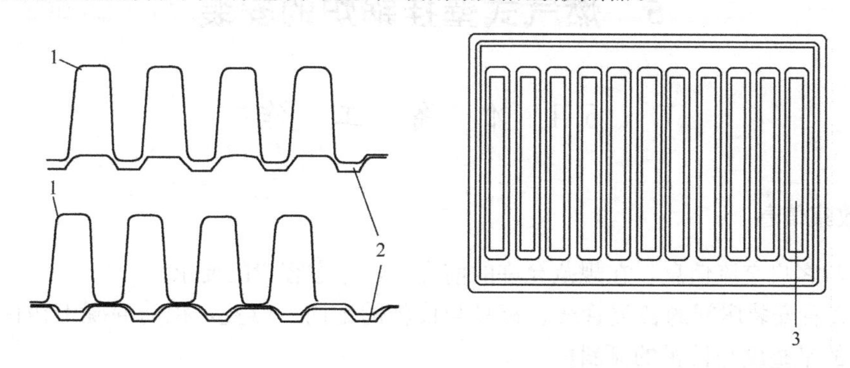

图 4.31　钢制板式散热器的导流片

1—翅片（空气导流片）；2—热水管；3—板式散热器背后连续的翅片

4.5.2　散热器供暖的水温

散热器的水温最好低些，因为水温高时，由于空气对流不太好，在房间内会形成一些温度不同的气团，导致在一些家具后面或墙角等处有冷凝水产生，会滋生霉菌。所以最好选用 70/50℃或 65/50℃的热水供暖。

4.5.3　其他建议

（1）夜间供暖时，应该将它设置在低于正常供暖 15%的温度上，可以起到节能的作用。

（2）安装百叶窗，夜间将所有房间的百叶窗关上，可以降低 5%～6%的耗热量。落地窗帘无益于冷热空气的对流。

（3）供暖运行时不宜将部分房间关闭。因为在同一套住宅内，供暖与非供暖房间之间温差较大时容易发生空气对流，导致热量损失；同时，当未供暖房间启动供暖时，需要消耗较长的时间和较多的热量；另外，供暖房间的热空气进入非供暖房间后，在围护结构的薄弱处逐渐冷却下来，而形成结露。这又回到一个问题上来，即建筑的绝热非常重要。

5 燃气式壁挂锅炉的安装

5.1 准 备 工 作

5.1.1 收集信息

（1）与客户交流信息，在规范允许的前提下，考虑客户的要求。

（2）查看安装房间的各类管线、家具与设施的走向、位置，钢筋混凝土构件的位置，检查墙面的平整度与楼板的倾斜度。

5.1.2 安装条件

（1）电源：220V 电源插座已到位并已通电。

（2）燃气系统：燃气表应符合壁挂炉供气要求，燃气管已到位并通气。

（3）供暖系统：供暖的供水管与回水管已安装到位（供暖系统 6bar 水压试验已合格，且保压在 4bar）；生活冷水管与热水管已安装到位。

（4）墙体：挂装墙壁应平整和垂直，墙体具有一定的承重能力。

（5）烟管孔：烟管出墙的ϕ120（或ϕ145）孔已经钻好（根据壁挂炉的功率与厂家的要求）。

5.1.3 准备安装工具与开箱检查

（1）准备安装工具：

卷尺，水平尺，200mm 十字起子，木榔，冲击电钻，6mm 冲击钻头，接线盘，管钳，活络扳手或 30mm 固定扳手，100mm 一字起子，弓锯与细齿锯条，U 形计，燃气检漏仪，电子式烟气分析仪。

（2）开箱检查：

开箱后，将燃气壁挂炉轻轻放稳，首先检查壁挂炉型号是否正确，然后检查外观是否完好，再检查配件是否齐全。

5.1.4 准备材料

（1）与燃气壁挂锅炉连接的金属软管或硬管。

（2）连接的管件与控制附件。

5.2 安 装 的 实 施

5.2.1 测量与划线

根据用户的身高和要求，测量壁挂炉挂装固定尺寸并划线，测量烟管长度。

5.2.2 挂装燃气壁挂锅炉

（1）钻孔、安放胀管、固定支架，用水平尺检查支架的水平度，并进行调整。

（2）挂机、检查燃气壁挂炉的水平度与垂直度，并进行调整。

5.2.3 燃气壁挂炉与各种管道的连接

（1）安装烟管，直至出墙，密封出墙孔。

（2）连接燃气软管，连接供暖系统供、回水管，连接生活冷水和生活热水管。

（3）将壁挂炉的电源插头插到插座上。

5.3 安装质量的验收与交付

5.3.1 检查外观

用卷尺检查壁挂炉的安装尺寸、用水平尺再次检验燃气壁挂锅炉的平整度与垂直度。

5.3.2 供暖系统排气与检查管道连接的密封性

打开系统中所有的水阀，打开水泵上的排气阀；排气结束后，保压 3bar、24h，检查是否有漏水点。

5.3.3 检查密封性及设定供水温度

（1）用燃气检漏仪检查燃气壁挂炉所有连接点的密封性。

（2）打开燃气阀、点火；设定供暖系统供水温度（地暖系统＜55℃，散热器系统为70～80℃），生活热水设定在45～55℃，或根据客户的要求设定。

（3）检查烟管的密封性。

（4）燃烧正常 5min，检查生活热水无问题后，即可结束。

5.3.4 交付客户与收集验收资料

教会客户使用壁挂炉，填写验收资料，客户、施工人员和公司有关人员签字，交付公司与客户各一份，本人留一份。

5.4 注 意 事 项

5.4.1 燃气壁挂炉的挂装规范

（1）在北方传统的供暖区域，燃气壁挂炉不能安装在室外，且不能在室外工作，工作场所要有保温或供暖措施，设备所在环境温度要求在5℃以上。设备及其防冻系统仅仅是用于在室内使用。若将燃气壁挂炉安装在室外，会造成运转不良甚至设备冻坏！

（2）在南方非传统的供暖区域，如果安装在室外，需要考虑到燃气壁挂炉及附属设备的防雨、防潮、防太阳直射、防雷击以及防冻的措施，建议安装在厨房或封闭的工作阳台。

(3) 燃气壁挂炉安装不宜暗装或安在封闭空间（如吊柜里），以防燃气泄漏并聚集而发生危险。严禁安装在卧室、客厅或浴室里。不得在距离楼梯和安全出口 5m 以内安装。

(4) 安装燃气壁挂炉不应靠近电磁炉、微波炉等强电磁辐射的电器。

(5) 地下室、半地下室不宜安装燃气壁挂炉。当受条件限制而须在地下室、半地下室安装时，地下室、半地下室应有手动和自动两种启动方式的防爆机械通风装置，且应设置防爆型燃气和一氧化碳泄露自动报警切断装置，并应和机械通风装置连锁。

(6) 为了保证今后燃气壁挂炉维护与修理的操作空间，壁挂炉与墙、家具或其他设施的间距应≥200mm。

(7) 壁挂炉体的安装应牢固，机体与墙面贴实，并保持竖直，不得倾斜。因为一些客户将阳台改成厨房，而在阳台的原外墙外侧往往敷设有保温板（EPS 或 XPS 绝热板），大约 30mm 厚，是不能承重的。燃气壁挂炉在挂装时，钻胀管孔时必须比原来的深度至少再深 30mm，螺栓长度也应更换，选择相应加长 30mm 的螺栓，否则挂装不牢。

(8) 燃气壁挂炉应安装在耐火并能承受炉体重量的墙壁上。可直接贴到混凝土墙壁上，是木墙的或填充有其他易燃材料的墙体，要做好隔热或防火措施。

(9) 设置燃气壁挂炉的房间须设隔断门，使之与起居室、卧室等生活房间隔开。

(10) 燃气壁挂炉安装位置的地面最低点应有方便排水的地漏。

(11) 燃气壁挂锅炉的高度：应使客户按操作键时感觉顺手。

在与客户商讨安装时，一方面要虚心听取和尊重客户的正当要求，另一方面也应避免什么都依着客户，出现违反规范的事情。图 5.1 所示为某地安装人员完全按照客户的要求，毫无遮雨、遮阳、防雷等措施，极其荒唐地将燃气壁挂炉直接安装在室外的阳台外侧，导致烟管进水，风压开关因故障报警，而且维修也无落脚的地方。

图 5.1 壁挂炉错误安装举例

5.4.2 燃气壁挂炉烟管的敷设

(1) 安装烟管时，注意烟管内不能有任何碎屑或建筑垃圾等。应使用原配烟道，不能随意改用其他烟道，严禁用单管烟道代替同轴烟道。每一段延长烟管都需要单独固定。

(2) 壁挂炉烟管的限流圈（又称限流环、限流盘）

① 限流圈的作用：加大空气或烟气流动时的阻力，也就是降低空气或烟气的流速，以保证壁挂炉在燃烧时的空气与燃气的混合比。安装在空气入口或是烟气出口上。

② 限流圈的种类：

固定式限流圈（图 5.2）：若烟管长度<1m（标准烟管）时，需要安装限流圈（因为此种条件下不安装限流圈的话，那么空气进入过多，空气和烟气的流速增大，会有较多的热量并没有在壁挂炉内完成热交换，而随着烟气排掉了。这种情况下，热效率会下降一些，要多费一点燃气）。若烟管长度超过 1m 或弯头较多的地方时，则需要将限流圈取出，以保证此种情况下仍能达到正常的空气燃气混合比。

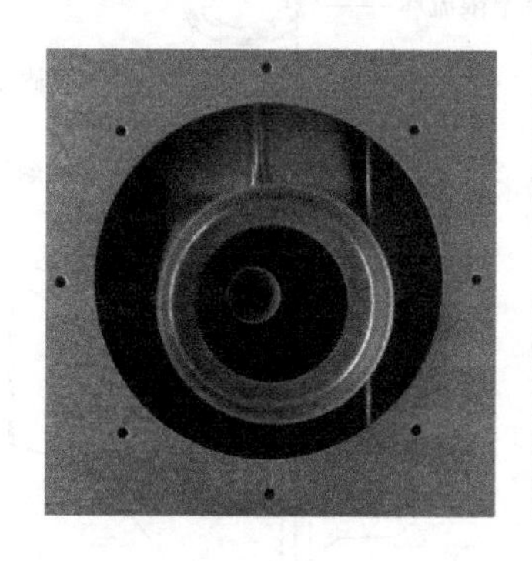

图 5.2　固定式限流圈

(*a*) 限流圈安装在烟气管出口；(*b*) 限流圈被取下

可调式限流圈（图 5.3）：它由固定限流环（在下方）和调节限流环（在上方）组成。

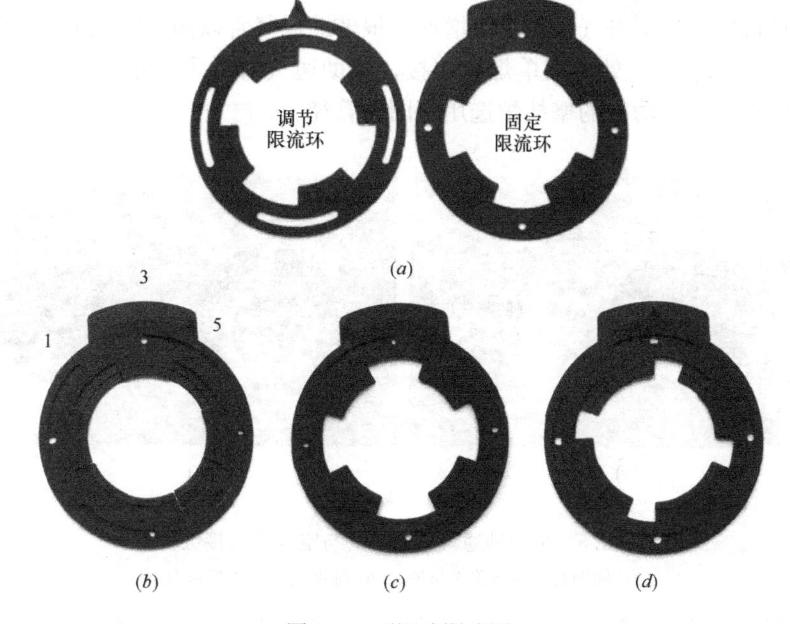

图 5.3　可调式限流圈

(*a*) 可调式限流圈的组成；(*b*) 调节钮位于 1，空气入口全闭；(*c*) 调节钮位于 5，空气入口全开；(*d*) 调节钮位于 3，空气入口半开调节钮在位置1时，空气入口全闭（一般不用）；调节钮在位置5时，空气入口全开。根据壁挂炉的功率和烟管的长度，选择1～5的中间位置，可以连续调节。安装位置见图5.4。

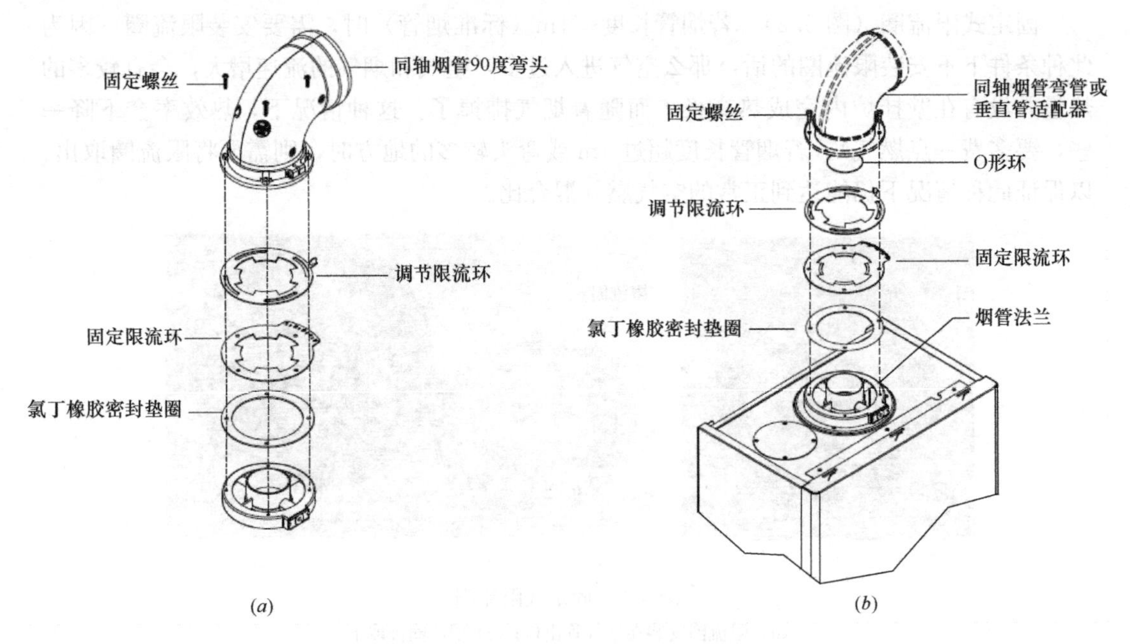

图5.4　可调式限流圈的安装示意图

(a) 烟管弯头为法兰式连接；(b) 烟管为卡箍式连接

③ 在烟管较长时，有的机器即使去掉限流环，机器的空气进量仍嫌不足，那么此时就只能去除掉机器上的副进气孔盖，再增加一根辅助进气管以满足壁挂炉燃烧时空气的需要（图5.5）。原烟管出口处采用单烟管连接，辅助通气管处采用单空气管连接，烟管管径根据厂家要求，不同功率的壁挂炉选用不同的管径。

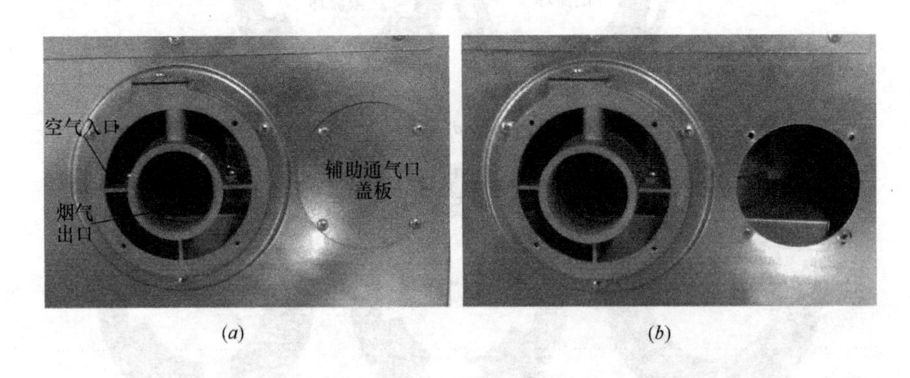

图5.5　带辅助通气口的烟管与空气管连接位置

(a) 辅助通气口被盖板封掉；(b) 辅助通气口盖板被取下

(3) 冷凝式锅炉的烟管变径接头：因为冷凝式壁挂锅炉的烟管有$\phi80$和$\phi60$两种，但是大部分生产厂家将排出接口管径定制为$\phi80$（这样就使得不同功率的燃烧器的尺寸都相同）。当同轴烟管采用$\phi60$的排烟管时，需要加一个变径接头（见图5.6，出厂时不管是否需要，冷凝式壁挂炉包装箱内都配有这样一个变径接头）。在施工中有些工人将其取出或忘记安装上去，会造成漏烟，导致机器内滴冷凝水。

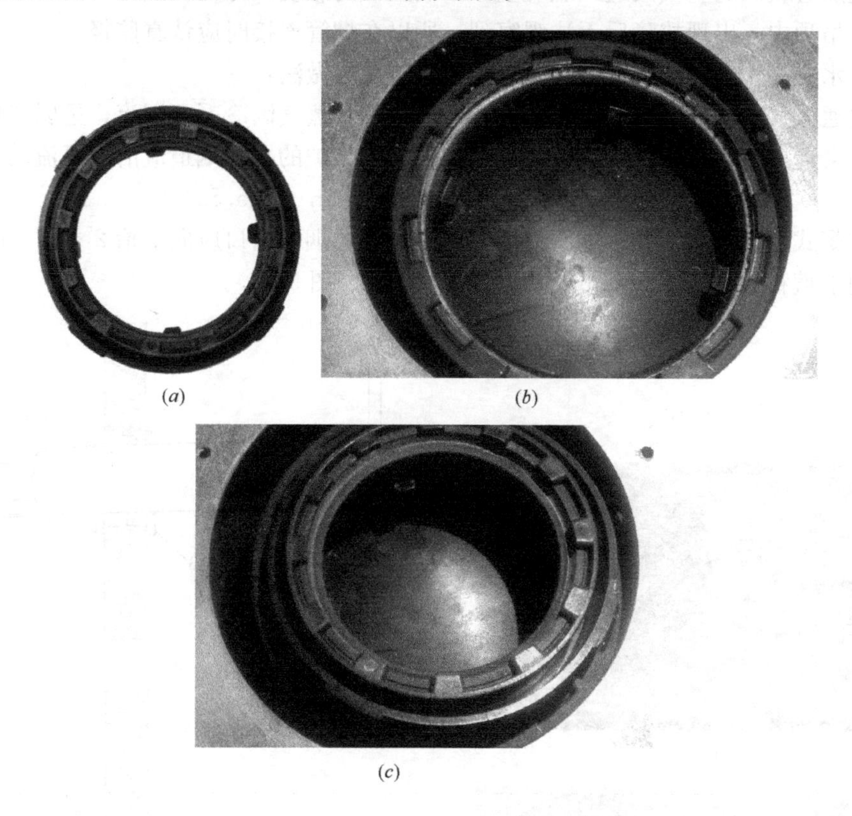

图 5.6　冷凝式壁挂炉烟管排出口的变径接头

(*a*) 烟管变径接头；(*b*) 冷凝式壁挂炉烟管排出口未安装变径接头；(*c*) 冷凝式壁挂炉烟管排出口已安装变径接头

（4）烟管的长度：同轴烟管长度≤3～5m，烟管的高度≤0.5m（不同厂家的尺寸有差异）。

① 同轴烟管增加一个 90°的弯头，烟管长度应减少 1m；增加一个 45°弯头，烟管长度应减少 0.5m。

② 如果烟管长度确实需要超过最大允许长度，应将烟道改为较大直径的排气管，并保证管道阻力不超过设计规定的最大值；也可以加装烟管适配器（图 5.7），ϕ60/100 的烟管可以延长到 20m，ϕ80/125 的烟管可以延长到 40m。

（5）同轴式烟管的加长连接：有时为了加长烟管，因现成的连接管长度过长、需要截断，这时操作人员经常会发生如下错误操作，应注意：

因为同轴式烟管的内管一端为插端，一端为承口，承口深度为 30～50mm，所以烟管截断时，内管应比外管长 30～50mm（图 5.8），烟管连接处应用铝箔包起来，才能保证连接密封。但是在实际施工中，有些操作者将烟管的内、外管平齐截断，或者内管截断只比外管稍微长一点点，甚至外管比内管还长些，造成外观看上去是连接上了，但实际上内管未连接好、漏烟。在这种情况时，一些施工人员只用铝箔将内管连接起来，铝箔在高温和拉扯应力的作用下，寿命很短，在使用一段时间后破裂或者断裂，仍然会出现漏烟，部分高温烟气随着吸入的空气又进入燃烧室，影响正常的燃烧和外壳发热等。而且烟管一般安置在装饰吊顶内，出现故障后无法观察到。所以在烟管连接时应认真监督。

(6) 水平烟管的坡度与坡向及垂直烟管较长时的做法：

①普通大气式燃气壁挂炉：为了防止烟气中的水蒸气因冷凝而回流，呈弱酸性的冷凝水对设备会造成腐蚀损坏，所以普通大气式燃气壁挂炉的水平烟道应沿烟气流动方向向下倾斜 2°～3°，即每米水平烟道向下偏移量为 35～52mm（图 5.8*a*）。

②冷凝式燃气壁挂锅炉：烟管坡度方向则相反，烟管出口应向上抬 2°～3°，即每米水平烟道向上偏移量为 35～52mm，以便回收冷凝水（图 5.8*b*）。

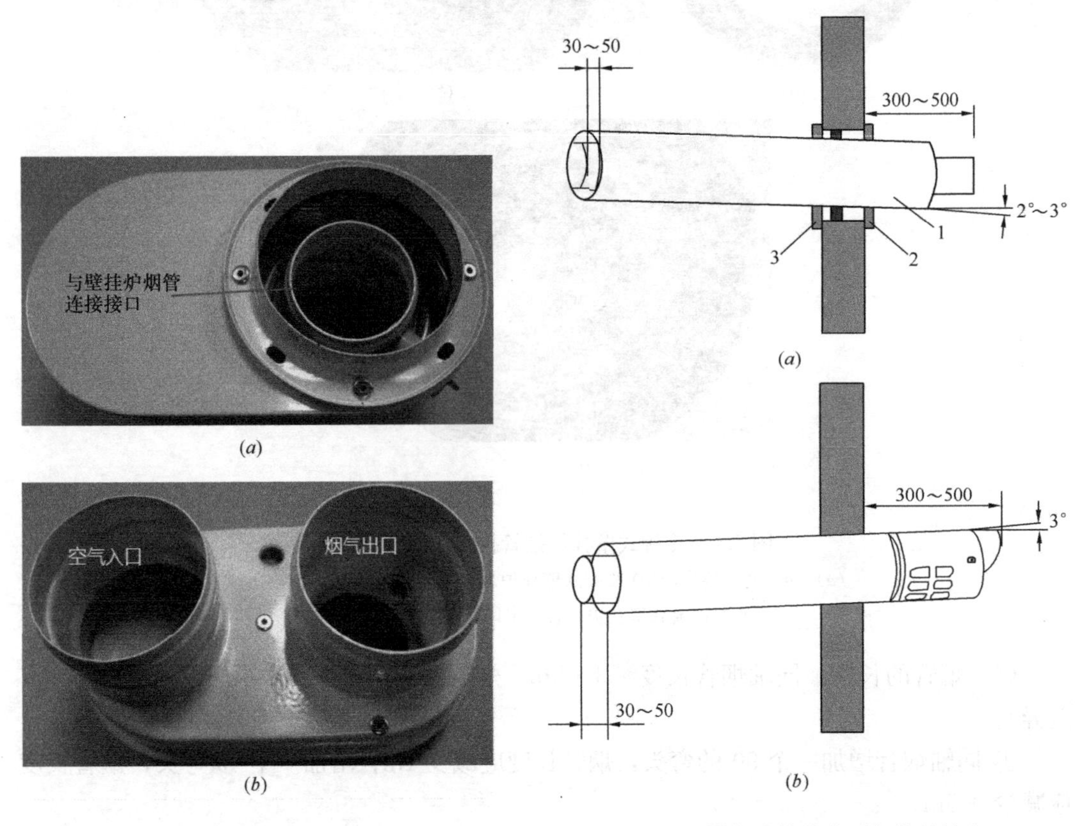

图 5.7 烟管适配器

(*a*) 与壁挂炉连接侧；(*b*) 为与延长烟管连接侧

图 5.8 燃气壁挂炉水平烟管的坡向、坡度以及出墙长度

(*a*) 普通燃气壁挂炉同轴烟管的坡向为排气口略向下低 2～3°；(*b*) 冷凝式壁挂锅炉烟管的坡向为排出口略高 2～3°

1—烟管；2—外挡风圈；3—内装饰圈

③ 普通燃气壁挂炉的垂直烟道部分若超 500mm 时，需要加装配套冷凝水收集装置（图 5.9），以防烟气中的水蒸气冷凝倒流而将风机中的文丘里管堵住和腐蚀设备。冷凝水收集后直接排入地漏，冷凝水排放管应采用耐酸性的塑料管，以防止对管道腐蚀。冷凝式锅炉则不需要安装这个装置。如果该建筑的排水管道为铸铁管，则冷凝水在排入地漏前需加药中和，再排入排水管道。因此，在收集装置处应设置加药口和取样检

测口。

(7) 烟管的排气孔和进气口

① 烟管的左右 250mm、上下 750mm 和正前方 1500mm 以内无杂物及其他设备，便于操作和维修。

② 烟管上的排气孔和进气孔应完全伸至墙外，不得被堵塞，其外部管段进、排气孔距离外墙的有效距离不应少于 50mm。烟管的出口应至少伸出外墙 300mm（图 5.8），或者空气的进气口伸出墙外至少 200mm。图 5.10 显示烟管敷设出墙不正确：伸出墙的长度不够，空气的进气口有一部分隐藏在墙洞里，使空气不能顺畅地被吸入同轴烟管的外管，造成输入空气不足，燃烧不完全，壁挂炉因故障报警。

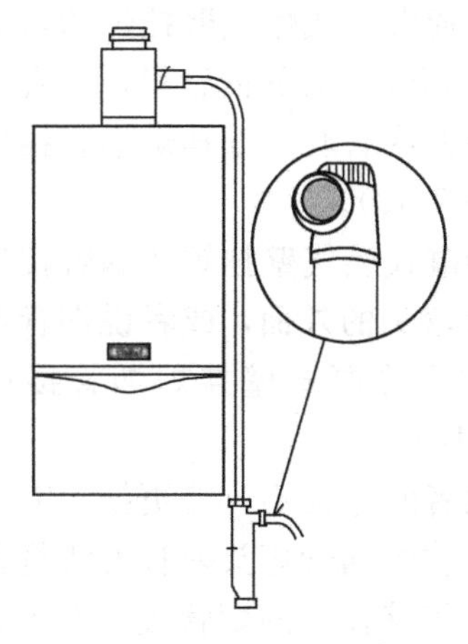

图 5.9 配套冷凝水收集装置

图 5.10 烟管末端的空气吸入口部分被敷设于墙内，空气不能通畅地吸入

③ 这里要提醒，不要将普通大气式燃气壁挂炉的直管式进、排气口（图 5.10）取代冷凝式壁挂炉原装进、排气口管件（图 5.11）。因为采用直管式进、排气口，烟管上仰易造成雨水进入冷凝水壁挂炉内，影响燃烧。冷凝式锅炉的烟管敷设时，因同轴烟管略向上仰，冷凝水回流，避免了在较冷的冬天于进、排气口结冰形成冰凌而造成进、排气口减小；而进、排气口外端略向下倾，且排气口的里端和外端之间均设有阻水坎，防止雨水进入壁挂炉燃烧室。

④ 尽量避免将烟管出口敷设在容易形成气流涡旋处。图 5.12 显示的就是这种烟管敷

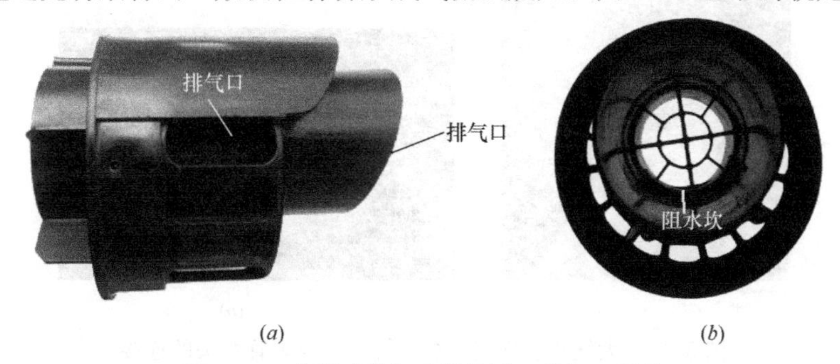

图 5.11 冷凝式燃气壁挂炉进、排气口管件

(a) 冷凝水锅炉进、排气口管件侧面；(b) 进、排气口管件正面

(a)

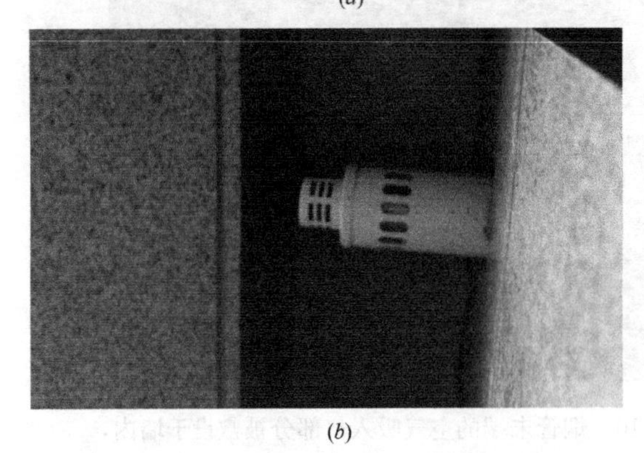

(b)

图 5.12 烟管排出口的错误敷设

(a) 烟管排出口离外面的左侧墙太近（可以明显看到在左侧墙面上留下了冷凝水的痕迹），排出烟管的烟气在墙面附近形成漩涡，不能很好地散掉，部分烟气又被吸入到燃烧室内；(b) 烟管排出口被安装在结构槽内，排出的烟气被挡住，聚集在烟管上方，形成涡流，很难消散。在壁挂炉运行时，部分烟气也随空气被吸入到燃烧室内

设错误，使排出的烟气不能顺畅地排到室外，聚集在烟气排出口的四周，形成涡流，又部分地与空气一同吸入燃气壁挂炉内，影响燃烧或导致显示器上经常报故障。有些业主要求将烟管安装在走廊或楼梯间内，也会导致这种故障发生。

⑤ 在烟管与燃气壁挂炉连接时，要注意普通大气式燃气壁挂炉与冷凝式燃气壁挂炉的差异：

普通大气式燃气壁挂炉的烟管接口是插入烟管弯头的内管里，或者说是烟管弯头的内管套在壁挂炉烟管接口的外面（图 5.13）。

冷凝式燃气壁挂炉的烟管接口是套在烟管弯头的外面，或者说烟管弯头的内管插入冷凝式壁挂炉烟管接口里面（图 5.14）。

两者的弯头不可能更换：因为冷凝式壁挂炉的烟管弯头内管无法将普通大气式燃气壁挂炉的烟管接口套入；而普通大气式燃气壁挂炉烟管弯头的内管与冷凝式壁挂炉的烟管接口无法连接，之间存在一段间隙，会产生漏气。

⑥ 冷凝水壁挂炉在安装结束或者长期未使用、开始运行前，应将盖板打开，取出盛冷凝水的塑料水封，注入自来水直至将水封封住。因为冷凝水壁挂炉在运行初期，不可能产生很多的冷凝水，若水封里缺水，会发生烟气通过水封而倒流到室内的危险。

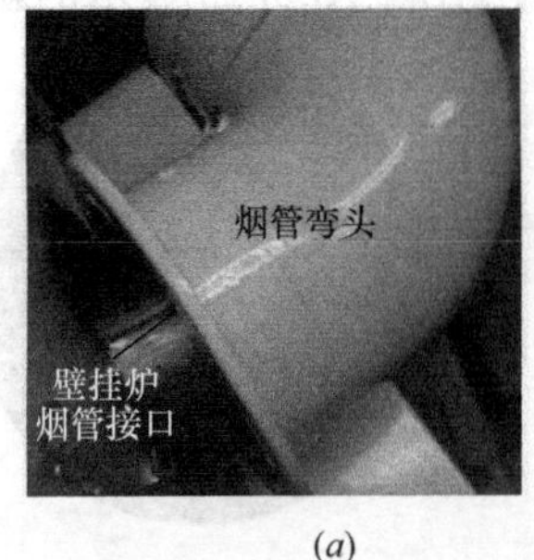

(a)

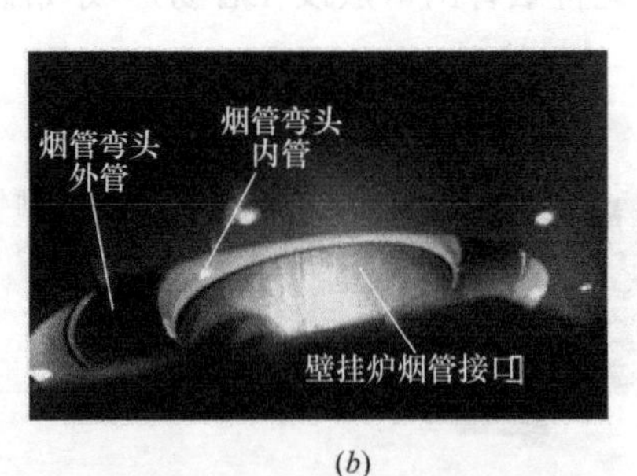

(b)

图 5.13 大气式燃气壁挂炉烟管接口与烟管弯头的连接

(a) 从壁挂炉外侧看，壁挂炉烟管的接口凸出约 20mm，烟管弯头内管与外管接口几乎平齐；

(b) 从壁挂炉内侧看与烟管弯头的连接，壁挂炉烟管接口插入烟管弯头内管里面

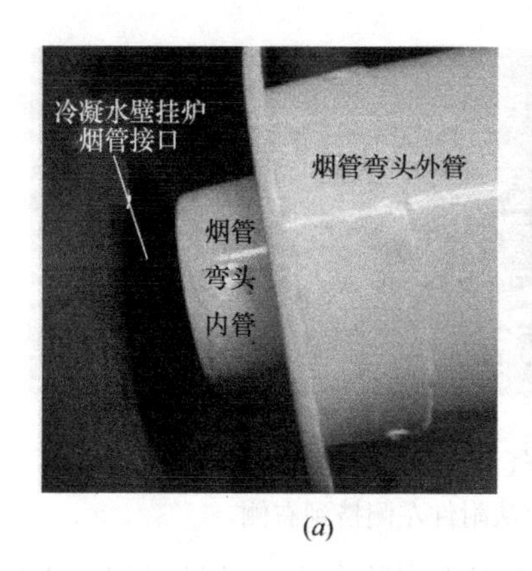

(a)

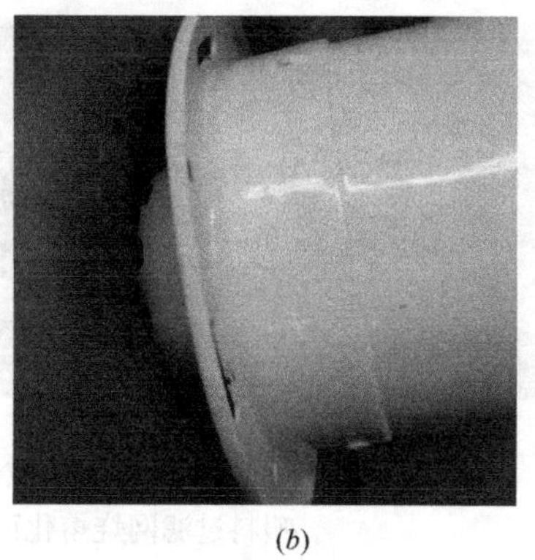
(b)

图 5.14　冷凝水燃气壁挂炉烟管接口与烟管弯头的连接

(a) 冷凝水壁挂炉烟管接口为一承口，而烟管弯头内管凸出约 30mm；

(b) 烟管弯头内管插入冷凝水壁挂炉烟管接口的里面

⑦ 烟管在穿过墙壁上预留的圆孔时，它们之间的间隙不得用水泥类东西填充，否则不利于调整与维修操作。当烟管在穿入墙洞前，应事先在内墙一侧用专门配置的出墙密封圈套在烟管上，将凸出部分推入孔内间隙进行密封，出墙密封圈安装好后，还应打硅胶防止雨水渗入（图 5.15）。

⑧ 当烟道排出口位于人行通道一侧并低于 2m 时，则需加保护罩。

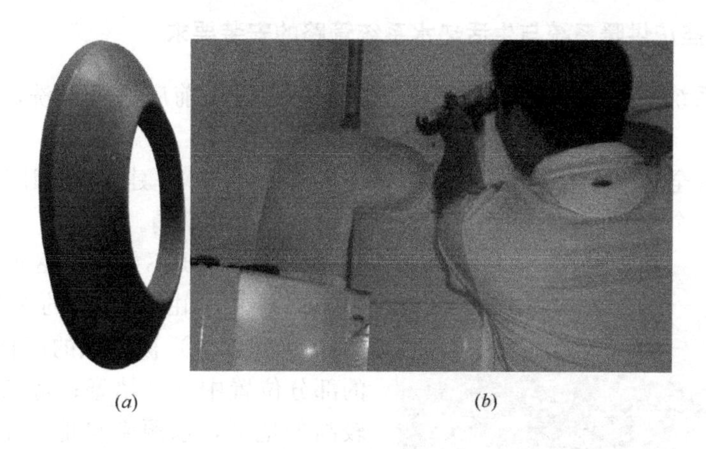
(a)　　(b)

图 5.15　烟管出墙密封圈及其安装

(a) 烟管出墙密封圈；(b) 烟管安装好后打硅胶密封

5.4.3　供暖水系统的排气

如果供暖系统中的空气不能排除干净，会对壁挂炉的正常运行产生很大影响，例如在系统保压期间，使系统压力明显下降，导致燃气壁挂炉空烧等。图 5.16 显示的是因为水系统里含有空气，部分空烧导致水温过高，而使水流模块中的塑料过滤网熔化、从附件的左侧被挤压到右侧；图 5.17 显示的是因为水系统里含有空气，空烧导致烟气与水在主换热器中无法进行充分的热交换，烟气温度升高，使风机中塑料制的文丘里管烧坏。所以应注意以下几点：

图 5.16 供暖水系统中空气没有排除干净，高温水将塑料过滤网烧熔化而从附件左侧挤到右侧

(1) 系统最高部位应设排气阀，系统中应至少安装 1 个自动排气阀，排气时将盖子打开。一般是依靠壁挂炉上的水泵压水管处的自动排气阀排气。

(2) 在集、分水器上各安装一个手动或自动排气阀，排气时多次打开排气阀排气。散热器上的手动排气阀也需多次打开排气。

(3) 壁挂炉安装好后，必须让燃气壁挂炉试点火几次，让系统运转一下，分回路逐个排气，排气一次是不够的，应多排几次。而且在常温下，系统中的水溶解了一些空气，当壁挂炉运行后，空气在水中的溶解度随着水温的逐渐升高而逐渐减小最终被赶出。所以加热后还需要排几次气，直至空气排净。

5.4.4 燃气壁挂炉供暖系统与生活热水系统管路的安装要求

(1) 供暖系统与生活热水系统的管路在试压和保压前应进行冲洗，或用压缩空气吹洗。

(2) 因为安全阀工作或壁挂炉检修时，泄水管会排出水，建议业主让管道工在燃气壁挂炉下方设置一个地漏。在供暖系统的最低点设置一个泄水阀。

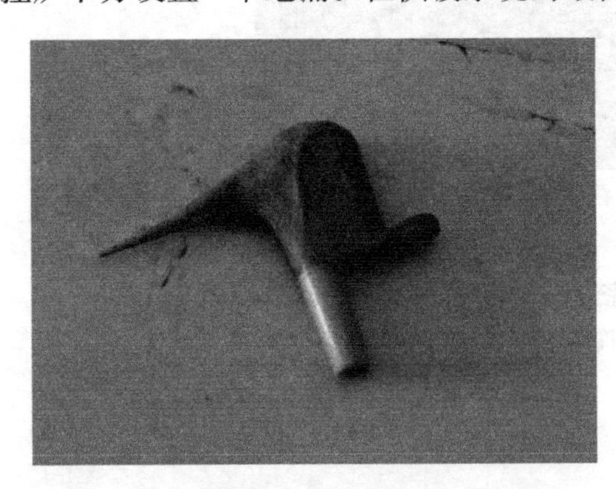

图 5.17 供暖水系统中空气没有排除干净，导致风机中的文丘里管被烧毁

(3) 在水质不好的地区或在长期使用的供暖系统中，由于水中的杂质、金属构件（例如散热器等）被腐蚀的产物等，会在系统的部分位置中产生堵塞；特别是在水质硬度较高的地区，水源来自地下水，水中钙、镁离子浓度很高，甚至 2～3 个月后就会使内置式温度传感器表面严重结垢而导致更换，4～6 个月就要清洗一次板式换热器。这给以后系统的运行带来麻烦（图 5.18），严重的甚至使管道严重结垢（图 5.19），导致流量减小，被迫更换整个系统的管道。为避免影响壁挂炉中的热交换器、内置式温度传感器等附件的正常工作，建议采取如下措施：

① 在生活冷水的进口处安装过滤器与软水器，在供暖回水总管上安装除污器。

② 在给业主供暖系统安装完毕、进行冲洗之后的第一次注水时，带一台软水机，对

原水进行软化，适当地收点费用。这可以作为售后服务的一个项目。

（4）清洗燃气壁挂炉时，最好不要选用含盐酸的洗涤剂，因为在清洗后用清水未洗净时，残留的氯离子对不锈钢板式换热器会产生腐蚀。因此最好选用含硫酸、磷酸或其他弱酸性的洗涤剂。

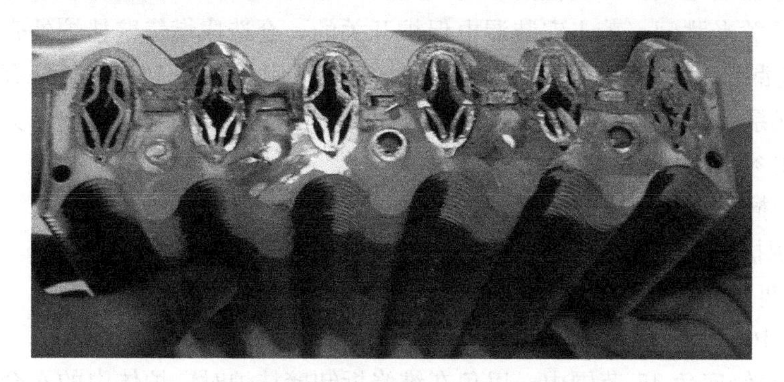

图 5.18　由于原水的水质差和结垢，导致壁挂炉主换热器的部分换热管被堵

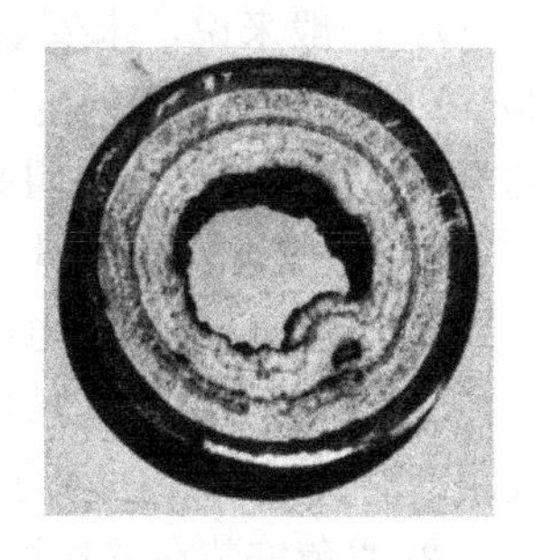

图 5.19　某用户热水管道 8 年后严重结垢的情况

① 清洗前，让燃气壁挂炉与供暖系统完全断开，供水口与回水口通过一根 300mm 的镀锌钢管短接，放在盛有水的水池里，水池的排水栓不要完全堵死，水龙头缓缓开启 1/4（图 5.20）。

② 注入清洗剂；清洗时，让壁挂炉运行 15min。

③ 清洗后，将洗涤剂放到专门的容器中，不要随意倒到水池里。用清水注入壁挂炉运行 5min，反复 3～4 次冲洗，尽量减少酸性洗涤剂残留在壁挂炉中。

④ 如果壁挂炉中的板式换热器结垢严重，上述方法不易清洗时可以拆卸下来，整体浸入酸性洗涤剂中，小火加热 10～15min。然后用清水反复浸泡 5 次，每次 2min。

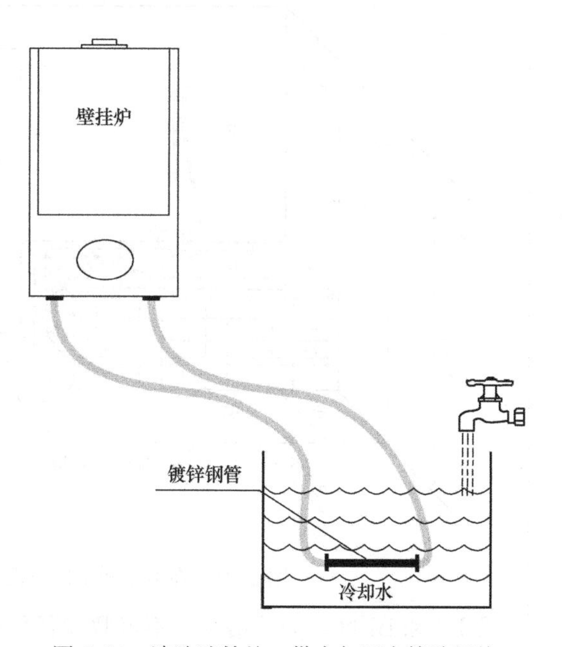

图 5.20　清洗壁挂炉，供水与回水管路短接

（5）禁止清洗散热器供暖系统！这里需要严重提醒的是，有些小公司经常给业主进行供暖系统清洗，即将供暖系统中的棕黑色的“陈水”放掉，更换新鲜的自来水。这是极端错误的！因为“陈水”中的空气在调试与运行中已基本排净，“陈水”中的钙、镁离子也大多沉积在系统内、含量已很低，虽然颜色不好看，但对系统无害；而新鲜的自来水则相反，含有大量的空气（在较高的热水温度下，对系统的金属附件产生腐蚀）与钙镁离子（在系统中继续结垢、增加了积垢的厚度）。

（6）地暖系统可以每 1～2 年与燃气壁挂炉整体清洗一次。

5.4.5 燃气壁挂炉对电气的要求

（1）接地：接入电源的插座必须要有可靠的接地，房间的配电系统应有接地线，所有连接金属管道均不得用做电器的地线。并应检查接地线是否可靠有效。零线和地线不能混接，否则会造成漏电保护开关老跳闸（若未安装漏电保护开关的，会造成燃气壁挂炉外壳带电）。一般来说，未安装漏电保护开关的电气系统地线接地电阻必须≤10Ω；安装有30mA漏电保护开关的电气系统地线接地电阻必须≤1640Ω；安装有50mA漏电保护开关的电气系统地线接地电阻必须≤820Ω。

（2）电气元件的质量：插头、插座应通过相关认证。

（3）燃气壁挂炉的电源插座：

① 应设置在壁挂炉的两侧，不允许设置在其他位置处，插座离燃气壁挂炉两侧的直线距离应大于10cm、小于100cm。

② 避免安装在壁挂炉两侧底角45°范围内，以免在维修拆卸壁挂炉时，炉体内的水会流到插座上引起触电。

③ 插座接线应检查是否正确：左零、右火、中间地线。如果将线接错，有些壁挂炉会发生点着后又熄灭的故障。

（4）卫生间器具连接的开关、插座和电缆线应按图5.21设置。

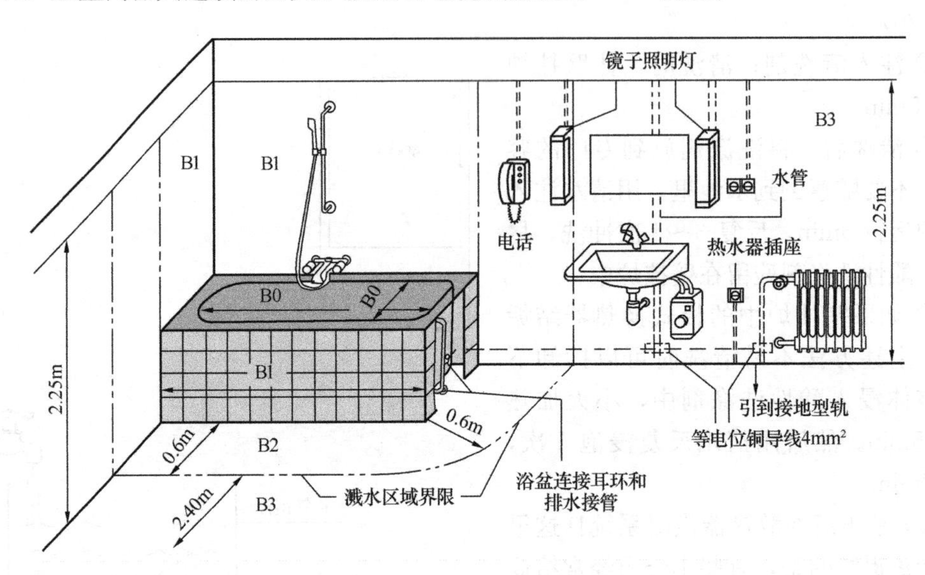

图5.21　在卫生间正确敷设电缆与用电设备的要求

① B0和B1区：为沐浴区，不得敷设任何强电和弱电电缆，不得安装任何强电和弱电电器。

② B2区：为溅水区，可以敷设弱电电缆和安装弱电装置（例如电话等）。

③ B3区：为非沐浴区，没有特别限制，可以敷设强电电缆和安装强电电器。

④ 如果强电或弱电电缆线必须通过B1区，应在高于地面2.25m以上的墙面通过。

⑤ 因为现在的管道采用塑料材质的多，为防止静电或漏电，浴盆或淋浴盆的排水栓、连接耳环或金属接管等应牢靠接地。

(5) 导线敷设：应排列整齐、清晰、美观、绝缘良好；严格按照电缆的色标接线（棕色：火线；蓝色：零线；黄绿色：地线；其他颜色线在单相用电中不得使用）。外部接线不得使电器内部受到额外应力。外部软线应穿线槽或蛇皮软管，走线尽量贴墙用卡子与墙面固定，横平竖直、避免交叉。

(6) 温控器接线：如果需要配置室内温控器，需要预留 2 芯或 3 芯 0.75mm^2 护套线线槽。

(7) 稳压：我国部分地区的电压不够稳定，一天中电压波动较大，例如某地，由于该市为产煤区，距大型电站较近，电压波动较大，导致壁挂炉主板容易烧坏。这种地区在燃气壁挂炉的电源端应设置稳压电源。

5.4.6 燃气压力的调试与烟气的测试

(1) 燃气管道与炉体的连接：燃气管必须使用带螺纹接头的金属管道（如镀锌钢管、铜管等）连接，不建议使用铝塑复合管。在燃气壁挂炉前应设置阀门。低压燃气管道上可采用符合国家现行标准《家用煤气软管》（HG2486）和有关标准规定的燃气用不锈钢波纹软管，如使用软管与器具连接，长度不允许超过 2m，管径不能低于 20mm。

(2) 燃气压力：燃气壁挂炉一般初装好后，燃气压力不需要做调试，如果发现该地区燃气压力较低，燃烧火焰明显无力，可以进行大、小火的调节。燃气输入压力应为 2000Pa（最小 1800Pa，最大 3000Pa），燃烧器压力 1500Pa。一些客户的入户压力明显小于 1800Pa，燃气阀不能正常打开。这种情况，事先必须向客户交代清楚，由客户与燃气公司协调增压。

(3) 调压器与燃气过滤器：当供应压力大于 5kPa 时，应在燃气表前设置单独的调压器。可能的话，在燃气表后安装一个燃气过滤器。燃气主管管径应不小于壁挂炉燃气接口直径。

(4) 燃气管道的管径：应满足供暖热水炉最大输入功率（负荷）的需要。进入壁挂炉燃气管的口径要尽量大（一般为 *DN*20），长度尽量短。否则供气不足，影响炉子正常燃烧或比例阀的正常调节。

(5) 燃气表：燃气壁挂炉的输出功率不同，对燃气表的要求也不同。当天然气的热值不低于 34MJ/ m^3时，24kW 的壁挂炉配 2.5m^3/h 燃气表，28 kW 的壁挂炉配 4m^3/h 燃气表，30 kW 的壁挂炉配 4m^3/h 燃气表。燃气表额定流量必须大于用户内所有用气设备总流量。

(6) 燃气系统安装最重要事项：燃气系统的泄漏是非常危险的，易引起爆炸和火灾，使用前必须用燃气检漏仪仔细检查。在壁挂炉交付客户时，也必须交代清楚，以后使用若感觉有燃气泄漏的话，必须立即保修，不得使用。

5.4.7 燃气壁挂炉的保养与维护

(1) 保养与维护的必要性

因为燃气壁挂炉是在恶劣环境下工作运行的设备，很容易弄脏或损坏。所以燃气设备需要经常维护。以保证燃气设备无故障和经济性地运行。因此建议客户每年做 1～3 次维护，至少在供暖季开始前和供暖季结束后需要做正常的保养和维护。

(2) 保养与维护的步骤

① 首先与客户交流信息，了解运行的情况和曾经产生的故障与问题。

② 确定实际状况：借此，专业人员得到一手依据，明确后面要特别注意哪些问题。此外，客户能够相信设备的现状，防止以后出现采取某些必要措施的解释。

③ 清洗燃烧器：先将燃烧器上的燃气管拆卸下来，将电缆线与接插件拔下，从燃烧室取出燃烧器；再用喷枪将清洗剂或干净的水喷在燃烧器上，然后用细软的钢丝刷仔细地清除其表面污垢，最后用干净的水冲洗，用干抹布擦净。清洗时，特别要注意火排上的火孔周围的清洁，同时不要擦伤火孔。可能的话，要调整、清洁或者更换火焰监测与点火电极。

④ 清洁主换热器表面，必要时用清洁剂清除主换热器管道内部的污垢。

⑤ 用细软的钢丝刷清洁风机，取出文丘里管进行清洁，注意不要使风管产生变形。

⑥ 将燃气壁挂炉再组装起来。在锅炉运行时，检查燃气管路的密封性。

⑦ 功能性检查和安全性检查：

膨胀水箱的预充压力必须等于供暖系统的静压；

通过生活热水的开启，检查卫浴热水与供暖之间无瑕疵地切换；

通过短路离子火焰监测装置与燃烧器外壳，检查燃气电磁阀在安全时间内是否关闭；

通过搭接温度调节器与温度探头，检验温限器（STB），在达到最高允许温度时，温限器必须使锅炉停机。

⑧ 烟气测量：测量CO含量与烟气热损失，最后应该给出燃烧干净和理想效率的信息。

⑨ 向客户演示壁挂炉的运行，并与客户交流，最后让他在保养与维护的记录上确定所做工作。

5.5 燃 烧 器

燃烧器目前广泛采用的有传统的燃气锅炉燃烧器，以及新型的辐射面式燃烧器和催化反应燃烧器。

5.5.1 燃气锅炉燃烧器

燃气锅炉的燃烧器主要分为两大类：带送风机式燃烧器和不带送风机燃烧器（又称为大气式燃烧器）。

带送风机式燃烧器的燃烧与烟管无关，燃烧所需要的空气由送风机输入，空气过量系数可以保持较小的值，进而提高效率；其缺点是噪声较大，相对而言耗电较多，因此偶发故障较多。

普通的大气式燃气燃烧器结构较简单，相对故障较少，耗电较少；燃烧所需要的空气依赖于烟管和排烟机，因而燃烧的稳定性与故障也经常与它们有关。一般家庭里采用的就是这一类燃烧器。

根据最近十年的研究，化石燃料燃烧产生的污染物中排名第一的是氮氧化物（NO_x）。随着环保意识的增强，欧洲对锅炉的氮氧化物的排放要求越来越高。一般采取的对策是：带送风机式燃烧器采用烟气60％回收燃烧、分级燃烧（一级、二级燃烧）、无级燃烧等措施；大气式燃烧器采用辐射式燃烧器。在欧洲，现在大气式燃烧器已经禁止生产和销售。

我国也必将步其后尘。例如北京市准备在2015年对部分污染较高的燃烧器锅炉进行限售。

5.5.2 辐射面式燃烧器（冷凝式壁挂锅炉的燃烧器）

不同种类的锅炉的氮氧化物排放量见图5.22，从图5.22可以看出，辐射面式燃烧器和催化燃烧器排出的氮氧化物含量最低。辐射式燃烧器也属于预混合燃烧器，在冷凝式锅炉中被广泛采用，它不需要二次空气。它燃烧所需要的全部空气量是预混合的。与传统的带送风机式燃气燃烧器（喷嘴式燃烧器）比较，辐射面式燃烧器基本以较低的流动速度工作。燃气-空气混合物均匀地分配在整个燃烧器表面。它形成了一个由很多小火焰组成的火焰面层，很强烈地使燃烧器加热，并发出炽热。主要是通过辐射将热能散发给热交换器。借此，火焰温度可以下降而达到很低的NO_x和CO值。由于低的流动速度和燃烧器的结构，面式辐射燃烧器几乎可以无噪声运行。但是特别在调整运行时，回火的危险相对比较大；因为在这种情况下，流动速度还要继续下降。所以这种燃烧器必须安装防回火保险装置（图5.23）。

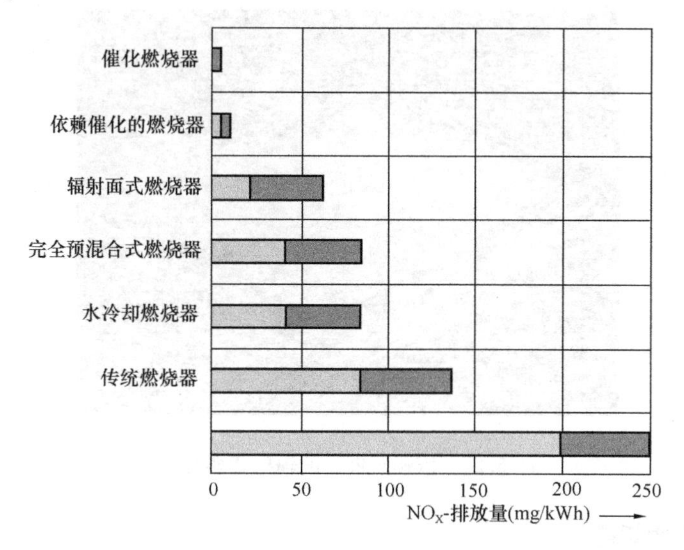

图5.22　各种燃烧器的氮氧化物排放量

辐射面式燃烧器的表面（反应床）形状除了平板形（图5.24）外，燃烧器表面也有制作成弧形、半球形（图5.25）和圆柱体形（图5.26）。

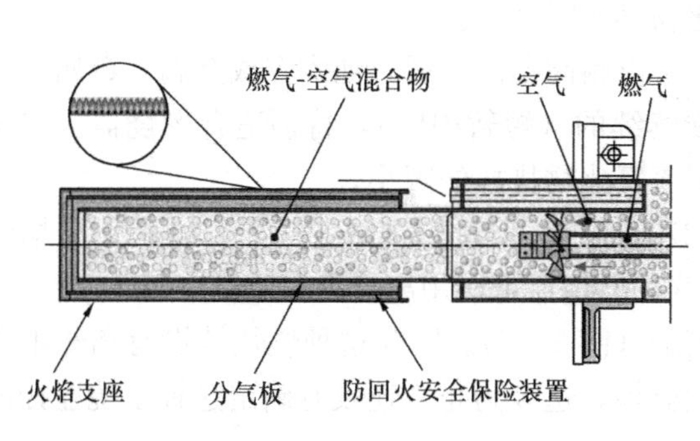

图5.23　辐射面式燃烧器与防回火保险装置

图5.24　陶瓷辐射面式燃烧器

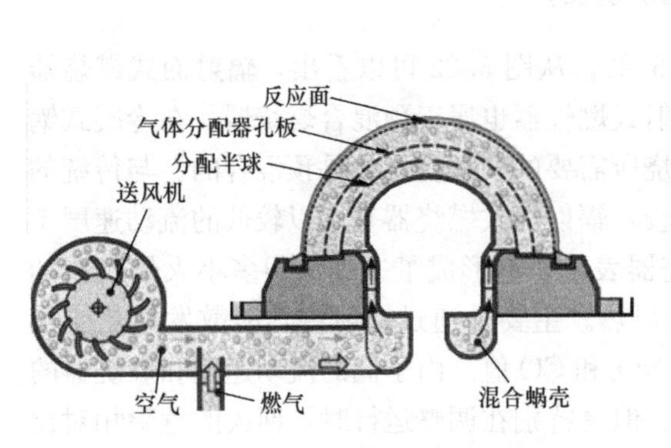

图 5.25 Metrix半球形辐射面式燃烧器

图 5.26 圆柱形的辐射面式燃烧器

图 5.27 依赖于催化的辐射式燃烧器

5.5.3 催化反应燃烧器

催化反应的燃烧原理在 19 世纪就已经由英国化学家 H. Davy（1778～1829）发现。他证明在涂了铂的金属丝上发生无火焰燃烧，不用消耗催化剂（这里是铂）。这里分为两类催化燃烧：依赖催化的燃烧以及纯催化燃烧。

在理论上，用纯催化燃烧可以使氮氧化物排放降到零。

催化涂层（例如铂或钯）作为基材，只可以耐高温的材料，如陶瓷或金属。金属的材料加热比陶瓷快，所以燃烧器的运行是断断续续的（短暂中断），特别适合燃烧器。快速地达到催化剂的运行温度，并很快地保障了氮氧化物排放的减小。

对于依赖于催化的燃气燃烧器（图 5.27），只有一部分燃气-空气混合物是无火焰燃烧（氧化），其余部分燃烧具有火焰。所以这种燃烧器可以用离子火焰监测电极。

纯催化工作的燃烧器燃烧时完全不带火焰（图 5.28）。因为这种燃烧器没有离子电流可以测量，所以它不能用离子火焰监测装置监控。迄今为止，还没有确定这种系统监控的规范。

在催化辐射燃烧器上，基材不锈钢丝网上涂有催化层。它们由多孔的惰性材料（氧化铝）组成，用来扩大表面积。

人们可以将这种惰性层想像为海绵，在这些孔中涂有货真价实的催化剂（钯）。完全混合的燃气-空气混合物流过有涂层的丝网，并在其表面被点燃。通过释放的热量，催化剂迅速地达到其工作温度，并被激活。

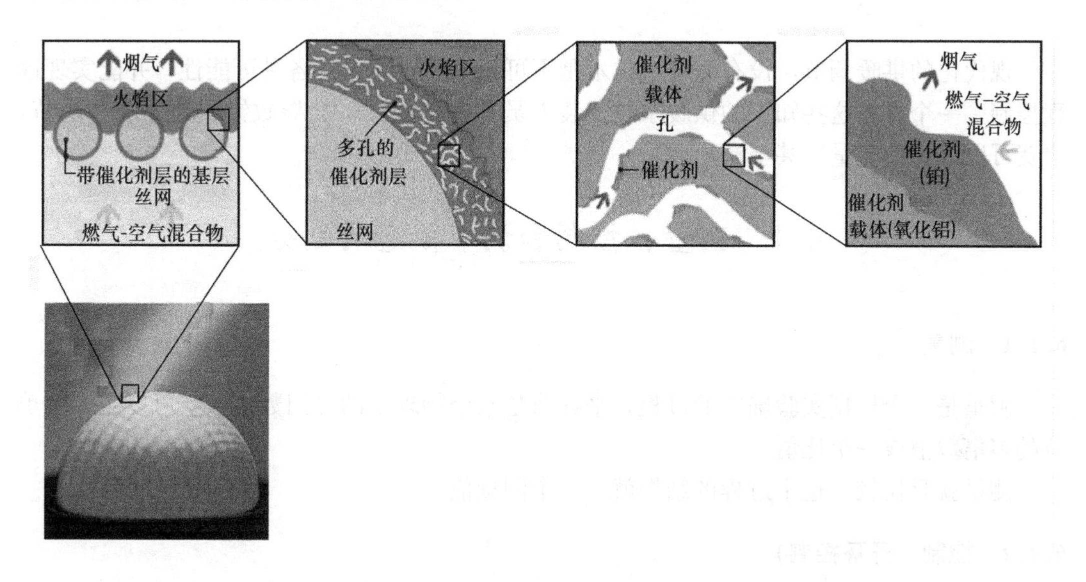

图 5.28　催化辐射燃烧器的工作原理

催化剂在惰性材料的空隙中扩散，在较低的温度水平下，大部分已经转化成燃料，支持燃烧过程：燃气-空气混合物在化学表面反应“燃烧”生成烟气——二氧化碳（CO_2）和水（H_2O），并且没有产生 NO_x。

同时，催化剂没有消耗，它只是作为反应加速剂。剩余的燃料部分（如同“正常”的基材燃烧器）在火焰区域中燃烧。此外，催化剂作用明显地提升了丝网的温度和辐射出更多的热量。同时，火焰区域的温度下降到 1000℃以下，几乎完全地束缚了由热产生的 NO_x的形成。

6 调节控制技术

现代化的供暖调节，没有微电子技术是不可想像的。它具有各种可能性，并能实现远程控制。一个没有这些知识的供暖系统安装人员与操作人员，会导致错误地安装和调节，浪费可以节约的能量，甚至造成故障。

6.1 测量、控制和调节概念的划分

6.1.1 测量

测量是一个根据实验确定的过程，来弄清楚某个物理量的专门数值，它可以是一个单位的多倍数值或一个比值。

测量就是比较，这个过程的结果就是一个测量值。

6.1.2 控制（开环控制）

控制是根据系统的规律性、由一个或几个量（输入参数）来影响被称为输出参数的其他量的过程，即以预先设置的方式、用输入参数来影响输出参数的过程。

控制的特征是一个开式的作用过程，所以也称为开环控制。

6.1.3 调节（闭环控制）

调节可以理解为连续地调节某个物理量，并与其他的量如参考变量或额定参数相比较和相适应的过程。

调节的特征是一个闭式的作用过程，所以也称为闭环控制。

6.1.4 通过室内温度调节实例

（1）控制

现在用一个简单的室内温度影响（图 6.1）来说明“测量”、“控制”和“调节”三个过程。

任务的提出：以室外温度为导向的控制，使这个房间应该保持在一个预先设置的值。

这里，仅仅是室外温度 θ_A 作为参考变量。室外温度的变化，会导致阀门的调节，也使得输入室内的能量发生变化。系统的波动快速明显，如果室外温度 θ_A 作为唯一的干扰变量 z，室内温度可以稳定地保持在预先设置的范围里。

但是，现实通常是另外一种样子：太阳的运转带来不同的热量（通过窗户）、变化中的人和设备散发的热量、窗户和门开启时泄漏的热量，以及供暖系统供水与回水温度的波动，它们作为其他的干扰变量，也会影响室内温度。这种室内温度影响的方式只是以气候

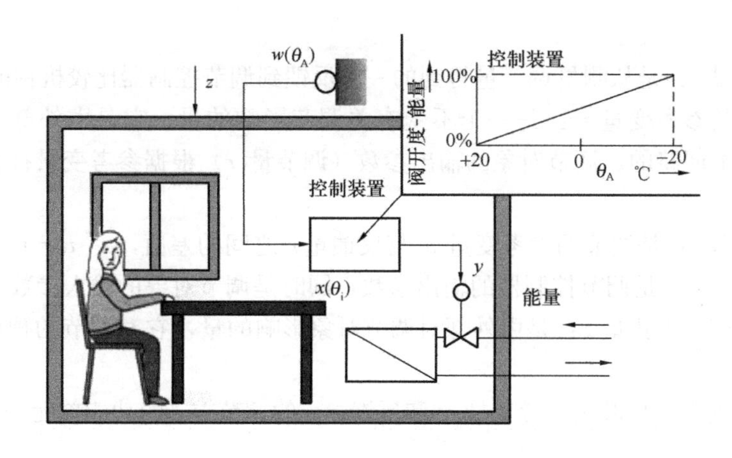

图 6.1　室内温度的控制

为导向的供水温度调节形式作为房间粗略的“预控制”，当然那还要借助于其他的测量传感器。这种系统是不实用的，因为它既不舒适（房间温度的波动），也不节能。所以，节能法规要求对室内温度进行调节（即闭环控制）。控制系统的部件可以用方块图（图 6.2）直观地描述。

（2）调节

现在，把上面那个例子变换一下（图 6.3）。将在调节装置上所希望调节的额定值 w，与从传感器上所测得的调节量 x 实际值进行比较。在确定了偏差后，将一个合适的输出信号，调节参数 y 传递给执行机构（这里是一个阀门）。由此改变的热量流影响到室内温度，直至额定值 w 与调节量 x 的实际值相等为止。

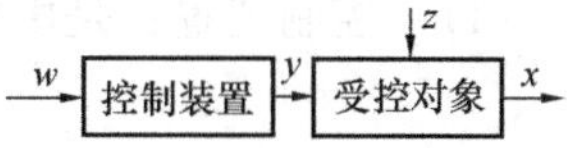

图 6.2　控制的作用原理图

连续地得到测量值以及与额定值的比较结果，说明了这种情况下是围绕着一个封闭的回路、一个调节回路（图 6.4）来工作的。

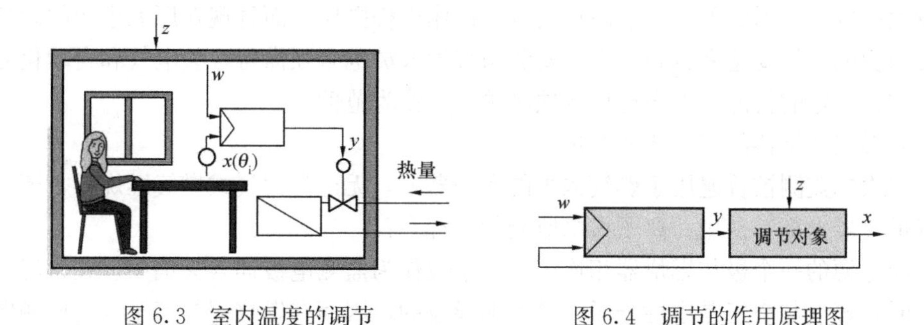

图 6.3　室内温度的调节　　图 6.4　调节的作用原理图

调节对象是根据设计在调节回路中需要影响的部分。调节装置是调节回路中通过执行机构起影响作用的那一段。

6.1.5　调节控制技术中的参数及调节控制单元

（1）调节量 x：是调节对象根据预先给定的值保持恒定影响的量，或者根据设计应该改变的量。它是调节对象的输出参数和测量装置的输入参数（或者作为调节控制器改变的量）。

（2）反馈量 r：是从测量调节量得到的一个反馈到调节控制器比较机构的量。

（3）调节的参考变量 w：是一个不受有关调节影响的量，它是由外部（来自人的信息）输入给调节回路的。调节对象的输出参数（调节量 x）根据参考变量按预先给定的依存关系进行校正。

（4）调节差 e：是调节的参考变量 w 与反馈量 r 之间的差值，$e=w-r$。

（5）控制量 y：是调节控制器的输出参数，同时是调节对象的输入参数。

（6）调节中的干扰量 z：是由外部对调节对象影响的量，它对调节的预期目标影响是不利的。

（7）比较机构：是形成参考变量 w 和反馈量 r 的调节差 e 的功能单元。它属于调节器部分。

（8）调节器组件：是由比较机构和调节对象组成的功能单元。

（9）控制器：是由调节输出参数 y_R 形成提供给执行机构所需要的控制量的功能单元。

（10）执行单元：是附属于调节对象的功能单元，它安排在调节对象的输入端，并影响质量流量或能量流。它的输入参数是控制量。

（11）控制装置：是由控制器和执行机构组成的功能单元。

6.2 测量、控制和调节技术

6.2.1 测量技术

在供暖工程中，需要测量不同的物理量，例如长度、压力、体积流量、温度等。对于这些参数的测量，一般人都没有什么问题。但是测量电气参数时，操作不慎可能会对人体产生较大的危害，因此需要特别注意按电气操作规程操作。而且现在厂家生产的设备自动化程度与智能化程度越来越高，因此安装与维护人员也必须懂得一些电气和自动化方面的知识，掌握一定的技能。下面选择两项测量工作作为范例。

（1）燃气燃烧器的离子流的测量

离子火焰监测被普遍用于燃气锅炉的燃烧器上，无论是大气式燃气燃烧器，还是带送风机式燃烧器上都有使用。离子火焰监测的原理是：

交流电源的一个极与燃烧器相连，另一个极作为监测电极伸入火焰中。在常温（即未点燃）时，燃气与空气是中性分子，是不能导电的，因而在燃烧器与离子火焰监测电极之间是没有电流通过的；而当燃气燃烧时，火焰温度达到 500℃以上，部分气体分子发生电离，即有带电荷的离子与电子产生，在两个电极电压的作用下，带电荷的粒子发生定向移动，即有电流流过，控制器使燃气阀处于开启状态；若火焰熄灭，温度显著下降，气体不能电离，电流立刻中断，控制器使燃气阀关闭（图 6.5）。

但是，由于火焰的整流器作用，电路中流过的不是交流电，而是脉冲式的直流电（作用原理见图 6.6 文字说明）。它的优点是当监测电极和燃烧器短路时引起的交流电导通不会“欺骗”火焰。

火焰离子流的监控是燃气燃烧器监控的安全装置。如果当燃烧器发生故障时，需要检验监控系统的功能，必须由生产厂家说明设置的离子流。该电流很小，是微安级的，一般在0.6～1μA，测量时使用万用表1μA档。

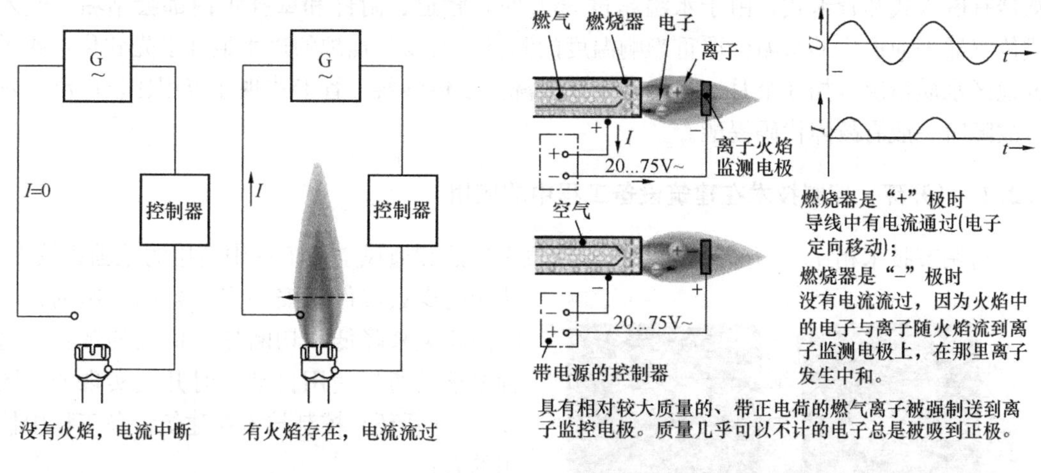

图6.5　离子火焰监测原理

图6.6　火焰的整流器作用

(2) 电阻的测量和检验

根据新技术的发展现状，温度调节在大多数情况下使用的是半导体电阻（PTC，NTC）。

PTC是Positive Temperature Coefficient的缩写，意思是正的温度系数；PTC电阻又称为正温度系数半导体元件。温度越高，其电阻越大；即温度越低，其电流的导通性越好(图6.7)。

NTC是Negative Temperature Coefficient的缩写，意思是负的温度系数；NTC电阻又称为负温度系数半导体元件或热敏电阻。温度越高，其电阻越小；即温度越高，其电流的导通性越好（图6.8）。

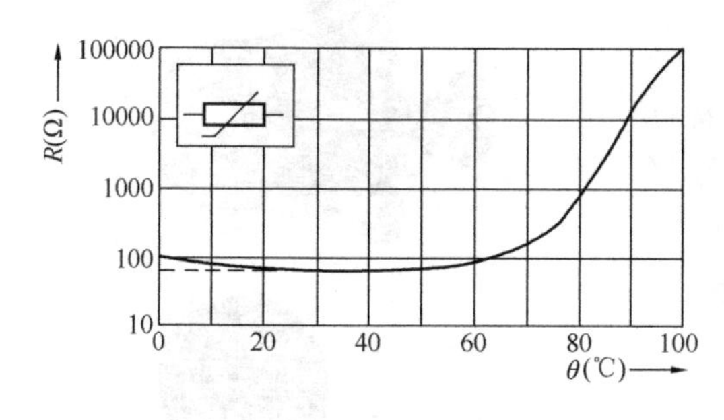

图6.7　PTC电阻曲线图

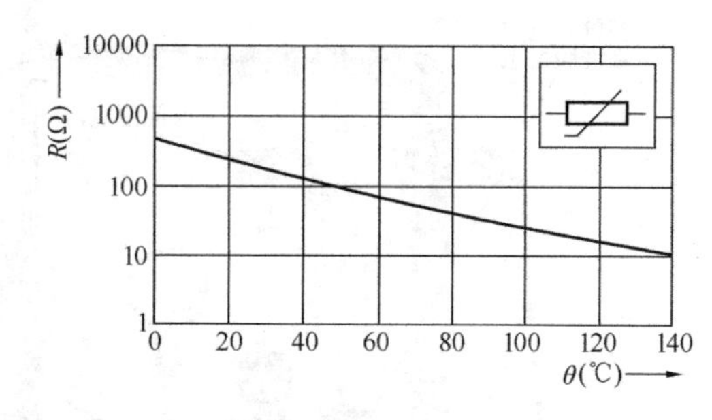

图6.8　NTC电阻曲线

半导体电阻作为温度传感器，将物体的温度转化为电信号输出，它具有结构简单，测量范围宽，稳定性好，精度高等优点。

如果调节过程显示工作模式反常，可以用万用表简单地检验该电阻元件的功能作用。因此，将它们与调节器导线分开（直接在传感器或中央调节器上），和测量仪表连接的导线连接起来。同时，必须随意选择测量值的温度点（根据眼前的空气温度和水温度值、沸点、冰点）获得电阻，根据电阻曲线证实这些值。

在燃气壁挂炉中使用的NTC热敏电阻，常温下的阻值大约在8～11kΩ（不同厂家所选用的阻值不同，不能随意替换）；若NTC损坏后，一般是阻值明显下降。目前温度传感器有嵌入式和管卡式，由于水温超过35℃时，管道、附件和壁挂炉内都会结垢，嵌入式传感器表面形成的水垢会严重影响温度的测量，所以壁挂炉的进水最好事先软化，或根据地区水质情况（如3个月～半年）定期清洗温度传感器。管卡式现在应用比较广泛。发生故障时一般有故障代码提醒。

6.2.2 （开环）控制技术在建筑设备工程中的应用

与调节技术相比，（开环）控制技术在集中供热和通风空调工程中使用的范围比较小。使用的少数实例有安装集中自动控制的、与时间相关来降低和切断热量输入的装置。这种要求是通过使用自动定时开关实现的（图6.9）。（开环）控制技术在建筑设备工程中使用的有：

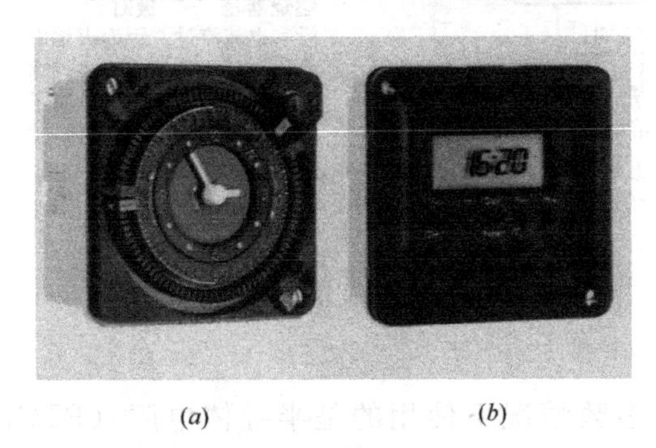

(*a*)　(*b*)

图6.9　定时开关

(*a*) 模拟式；(*b*) 数字式

(1) 通过一个定时开关来控制（现在通常在调节控制器的主钟上设置一个可以修改的程序进行调节）。

(2) 在使用时间继电器时，借助取水点的瞬时开关，根据需求控制接通（图6.10）。

(3) 使用一个与温度有关的控制水泵（图6.11）。

这里需要说明的一点是：火焰监控传感器不是指示调节装置工作的，因为这个传感器仅仅提供安全服务（在接通运行期间，燃烧器发生故障时，火焰熄灭）。

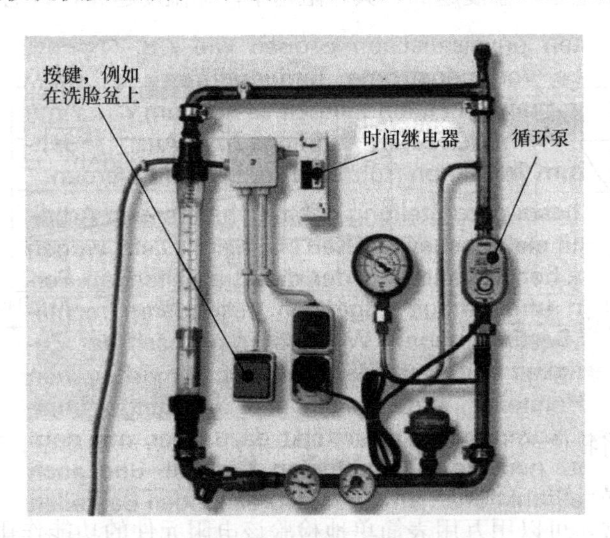

图6.10　根据需求控制的带时间继电器的循环泵模板

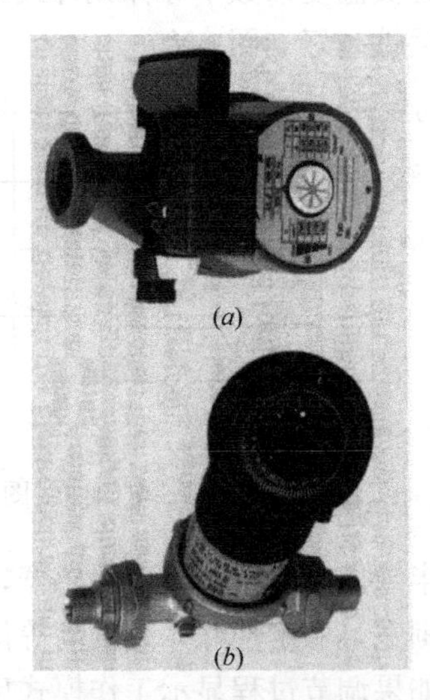

(*a*)

(*b*)

图6.11　受温度控制的泵

(*a*) 供暖循环泵；(*b*) 生活热水循环泵

6.2.3 调节技术

(1) 调节的类型

在建筑设备工程中，物理量是以多种方式进行调节的。根据种类繁多的结构和各自的使用范围，调节器的类型一般有：

1) 根据物理量（调节量）的种类划分

有温度调节器、压力调节器、湿度调节器、转数调节器、流量调节器、液位调节器等。

2) 根据辅助能源划分

① 无辅助能源的调节器，例如温控阀、浮球阀等。

② 带辅助能源的调节器，例如气动式调节器、电子式调节器、电控气动式调节器等。

3) 根据调节特性划分

① 非连续式调节器：又划分为两点式调节器、三点式调节器、三点步近式调节器等。

② 连续式调节器：又划分为比例调节器（P 调节器）、积分调节器（I 调节器）、微分调节器（D 调节器）、比例-积分调节器（PI 调节器）和比例-积分-微分调节器（PID 调节器）等。

4) 根据信号加工的方式划分

① 模拟式：采用模拟信号，用连续变化的物理量表示的信息，其信号的幅度、频率，或相位随时间作连续变化。

② 数字式：采用数字信号，例如用一系列断续变化的电压脉冲（如可用恒定的正电压表示二进制数 1，用恒定的负电压表示二进制数 0），或光脉冲来进行调节。

(2) 调节器的特性

1) 非连续式调节器

① 两点式调节器

在供暖工程中，经常能找到两点式调节器使用的场合是锅炉回路的调节。在这种情况下，要么是设定一个固定值（定值调节）作为锅炉温度（旧式设备），要么涉及的是伺服调节器（又称随动调节器），即锅炉温度根据预先给定的作用（例如依赖于室外温度的供热曲线）变化。在较小的设备（例如小的单元住房供暖）时，以一个房间优先温度调节时，通常是客厅处于中心地位时，使用一个房间温度调节器证明是有效的（现有较旧的设备，图 6.12）。图 6.13 表示的是根据液体膨胀原理工作的带毛细管的锅炉温控阀。调节器只产生输出参数“开-关”。根据它的特殊结构方式（例如在开关触点上使用了一个电磁迅动开关），调节器具有典型的调节偏差而产生转换差，因而它具有转换滞后效应（图 6.14）。如果使用了调节房间温度的调节器（如上面描述），那么所拥有的调节对象（从锅炉通过管道到散热器、然后到房间空气、再到温度传感器的路程）就要等待一个大的调节偏差。通过使用一个热敏电阻，也称为热反馈，可以减小调节偏差，或者提升调节精度到 $\Delta\theta \leqslant 1\text{K}$。图 6.15 表示一个

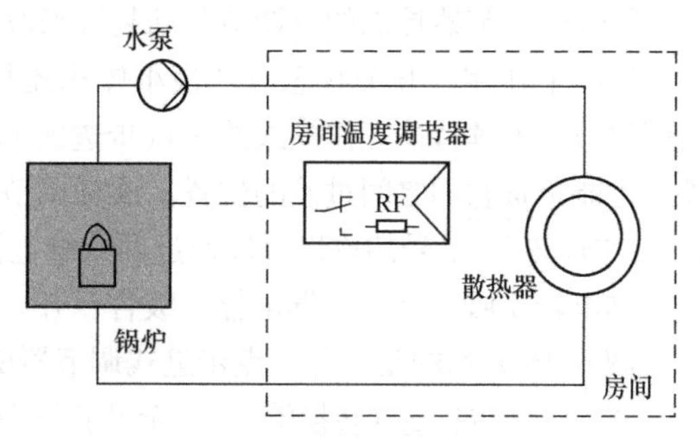

图 6.12　房间温度的调节

带热反馈的两点式调节器的开关原理。

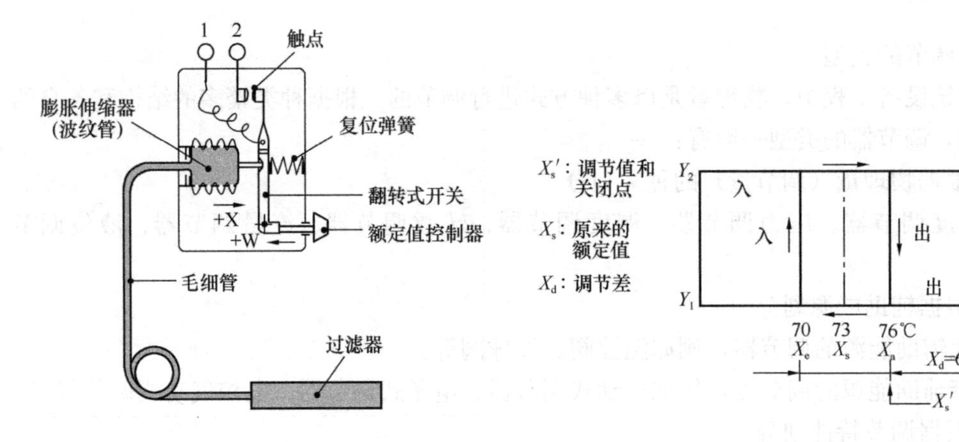

图 6.13　锅炉温控阀作为两点式调节器的原理图　　　　图 6.14　两点式调节器的转换滞后

当需要供热时，在双金属元件附件安置的一个电阻有电流流过，由于其放热给双金属元件，会产生一个错觉，即提前达到房间温度。在真正达到房间温度之前，它就关闭了燃烧器。较快的接通和关闭时间会对惰性的调节对象起着有利的影响，有关调节对象在期望值上方和下方的温度偏差将经过一个衰减过程。提高合闸率可能会对各个零部件，例如燃烧控制装置、点火系统、火焰监控系统和其他磨损部件的寿命造成负面影响。但是调节器的提前关闭会导致房间温度实际平均值相对于额定值调节产生负的偏差。不过这个偏差可以通过出厂前的刻度移动来补偿（抵消）。电子式的房间温度调节器有一个热反馈组合的电子部件。

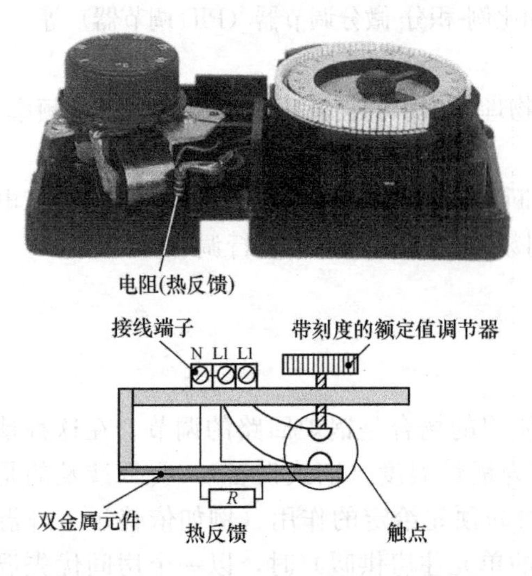

图 6.15　带热反馈的两点式调节器

② 三点式调节器

在供热与通风空调工程中，常使用由具有三点特性的调节器控制的电调节驱动装置来改变管网中水的体积流量，例如三点式调节器在一个阀门上作用，开关状态有“最小体积流量”-“最大体积流量”-“关闭”。对此，经常使用类似于连续特性工作模式的三点步进式调节器，即它除了负责极端位置“开”和“关”外，也能负责它们之间过渡的位置。这种调节器的三种输出状态是 1-0-2，或“较冷”-“停止”-“较热”。信号的输出可以通过两个继电器来实现，例如在这个例子中，可以这样做：

继电器 1 吸合＝关，继电器 2 吸合＝开，没有继电器吸合＝停止。

图 6.16 表示的是一种三点步进式调节器的特性曲线：各个转换 0-1 和 1-0，以及 0-2 和 2-0，具有转换差 x_{sd}（转换滞后）。全部转换范围 x_{sh}（也称为总调节偏差）是从下部接通点（x_{Sun}）到上部接通点（x_{Sob}）。在这个也称为中和区的范围里，不执行转换命令。只有当调节量的实际值偏离了这个范围，控制信号才传递给伺服电动机，调节量又靠近下断开点或上断开点。一个转动方向的转换（例如在四通混水阀上需要可变化的内部装置）通过伺服电动机

接插排上的连接电缆简单的转接来实现（见图 6.17）。

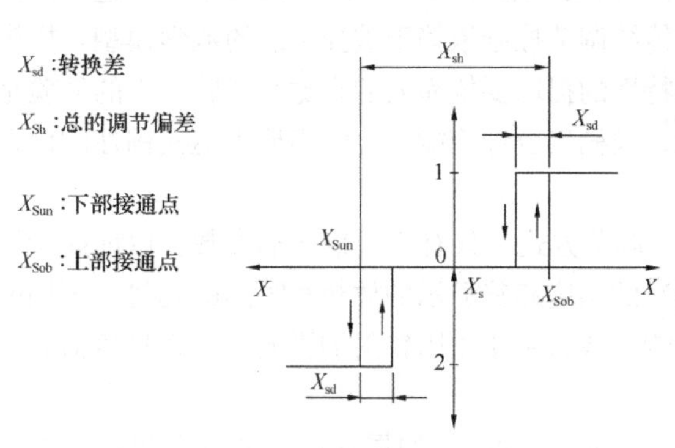

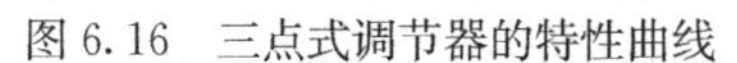
图 6.16　三点式调节器的特性曲线

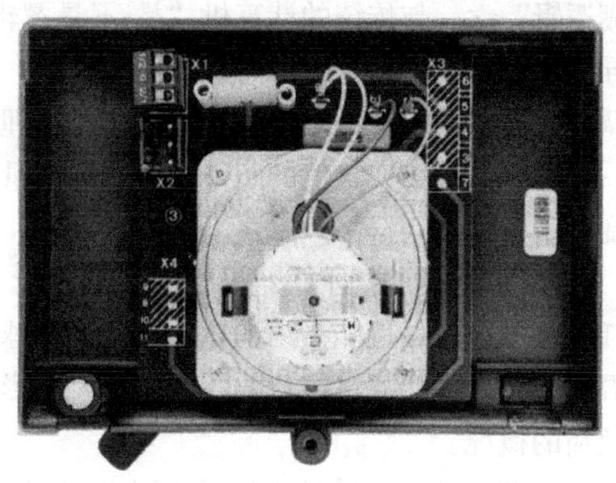

图 6.17　混水阀电动机上用于改变转动方向的连接端子

2）连续式调节器

连续式调节器，顾名思义，就是控制量 y 可以假设是在其极端值之间，例如“开”和“关”之间的任意值。由此带来的问题是，根据调节量和调节精度的要求，是使用比例调节器（P-调节器），还是比例-积分调节器（PI-调节器），或者比例-积分-微分调节器（PID-调节器）。

① P（比例）调节器：是控制量的变化 Δy 与调节量的变化 Δx 成比例，即将差值进行成比例的运算，其显著特点是有差调节，即调节过程结束后，被调的量不可能与设定值准确相等，它们之间一定有残差，残差值可以通过比例关系计算出。增加比例将会有效减小残差，但是容易导致系统激烈震荡，甚至不稳定。

在散热器上的温控阀就可以说明 P 调节器的工作原理（见后面章节）。

② I（积分）调节器：调节器输出信号的变化速度与差值成正比，即差值大，则积分环节的变化速度大，这个环节的正比常数的比例倒数在伺服系统里通常被称为积分时间常数。积分时间常数越小，系统的变化速度越快。如果增大积分速度（即减小积分时间常数）将会降低控制系统的稳定程度，直到最后出现发散的震荡过程。这个环节的最大好处被调量最后没有残差。

③ D（微分）调节器：根据差值的方向和大小进行调节，调节器的输出与差值与时间的导数成正比。微分环节只能起到辅助调节的作用，它可以与其他调节结合成如 PD、PID 调节等。它的好处是可以根据被调节量（差值）的变化速度来进行调节，而不要等到出现了很大的偏差后才开始动作，其实就是赋予了调节器某种程度上的预见性，可以增加系统对微小变化的响应特性。

④ PI（比例-积分）调节器：综合了 P（比例）和 I（积分）的优点，利用 P 调节反应快速，即快速改变调节量，抵消干扰的影响，同时利用 I（积分）调节较慢来消除残差。因为随着调节器越来越接近额定值（即调节偏差越来越小），控制量的速度也随着减缓。

⑤ PID（比例-积分-微分）调节器：利用比例、积分、微分计算出调节量进行调节，其特点是稳定性好、工作可靠、调整方便，所以一般用于空调系统等要求性能较高的场合，这里不再涉及。

⑥ 模糊调节器：模糊一词来自于英语 Fuzzy（模糊、不清晰的意思），借鉴集合论、“模糊逻辑”学。与传统的计算机“是-不是逻辑”相反，来自于“如果-那么关系”打包，由此导致一个合成的结论来作为调节决策的量。传统调节控制依赖于被控系统的数学模型，模糊调节控制依赖于被控系统的物理特性。物理特性的提取要依靠人的直觉和经验，人的经验是一系列含有语言变量值的条件和规则的变量；模糊集合理论能十分恰当地表达模糊性的语言变量和条件语句。

在图 6.18 的例子中，导致“如果-那么”调节方式，只有 5 个输入端参数：以前能量消耗的平均值；最近能量的消耗；长期（全球）的温度趋势显示的放热和吸热的趋势；短期的温度趋势，例如通过窗户的间歇式通风的影响，或者由于太阳辐射的影响；设备日负荷和年负荷的概况。

这些输入端参数是“如果-那么”决策的基础，例如，“如果在以前的日子里能量消耗小、室外温度恒定不变（但是这不是测量的，而是从能量的取用常态推导出来的）、室内温度下降，当前的能量消耗取一个中间值，那么当前的耗热量小”（图 6.18）。在常规的调节中，由于室内温度下降，系统开始运行、提供能量；而模糊调节“认识”到这个反常的现象可能是短暂的故障，例如窗户打开时的通气，由此得到结论，不需要提高供热的运行量。

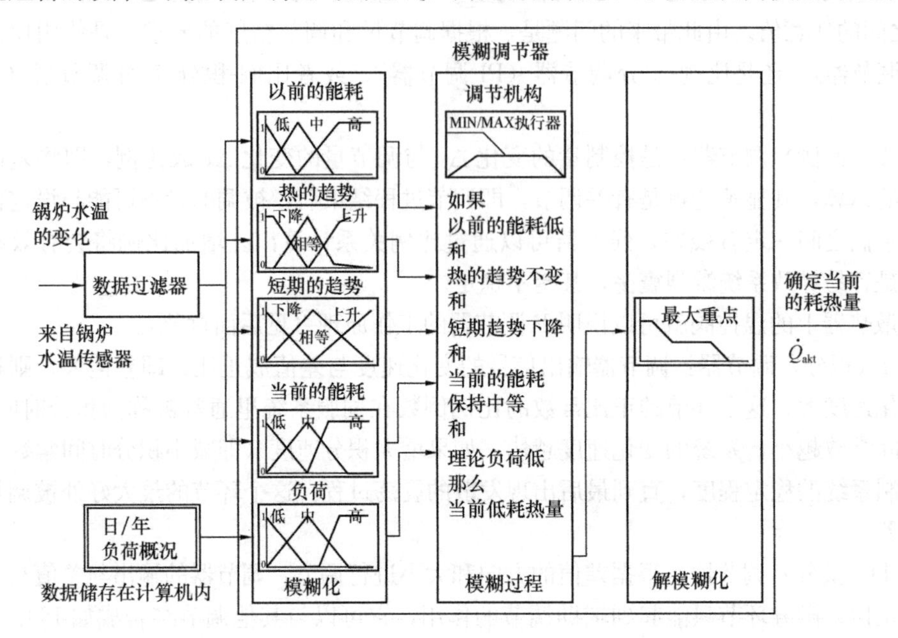

模糊化：将数字量转化为模糊量。模糊过程：模糊推理过程。解模糊化：将模糊量转化为数字量。

图 6.18　一个模糊调节器的信号处理

模糊调节忽略了调节对象的短暂故障，倒不如说是以用户实际的需要为导向。一个室外的温度传感器变得多余了。

模糊调节器的优点是：无需预先知道被控对象的精确数学模型；模糊逻辑控制方法容易学习和掌握（规则由人的经验总结出来、以条件语句表示）；有利于人机对话和系统知识处理（以人的自然语言形式表示控制知识）。

模糊调节器的不足是：精度不够高，自适应能力有限，控制规则较难优化。

3）模拟/数字式调节器

在传统的模拟技术中，一个测量值（例如距离 s）归属于一类相应可以成图像的值（例如电压 U）。同时，不仅测量值的数量，而且其所属的技术范围的值，可以使成图像的精确度无穷大（图 6.19a）。在数字调节中，信号是以一个确定有限的信号数量（信号值）传递的。信号量 U_x 为 ΔU 的整数倍数（图 6.19b）。信号的传递从测量值接收器到中央调节器，并从这里到执行机构需要模拟/数字转换器（见图 6.19 符号）。当是模拟式调节器时，只要它能完成某个事先给定的任务；而数字式调节器根据通常是可以自由编程的，以这样的方式可以适用多种用途。不仅由于它广泛的适用性，而且由于它的构件小型化，使得调节器的所占空间缩小到极致。数字式调节器根据它的工作原理，也称为 DDC 调节器（Direct Digital Control，直接数字控制）。DDC 调节器放在后面介绍。

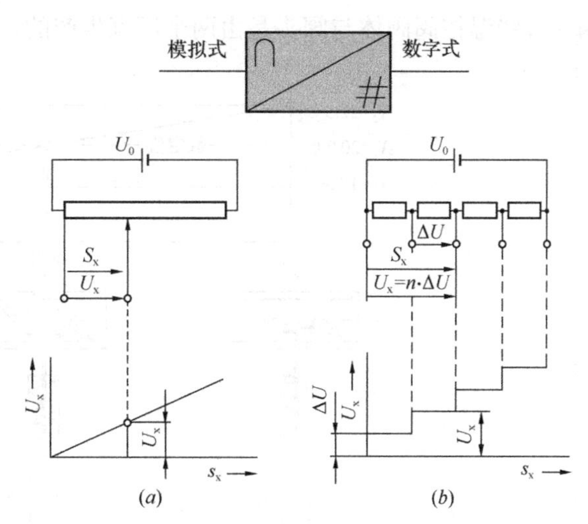

图 6.19 模拟/数字式调节器

(a) 模拟信号；(b) 数字信号

6.3 调节器的使用

6.3.1 温控阀

散热器或地面式供暖的地暖加热管回路需要一个调节器，能对其所负责的房间温度进行自动调节。该调节器（俗称温控阀）现在主要有两种：一种是不需要辅助能源的温控阀，一种是需要辅助能源的电子式温控阀（DDC 调节器）。

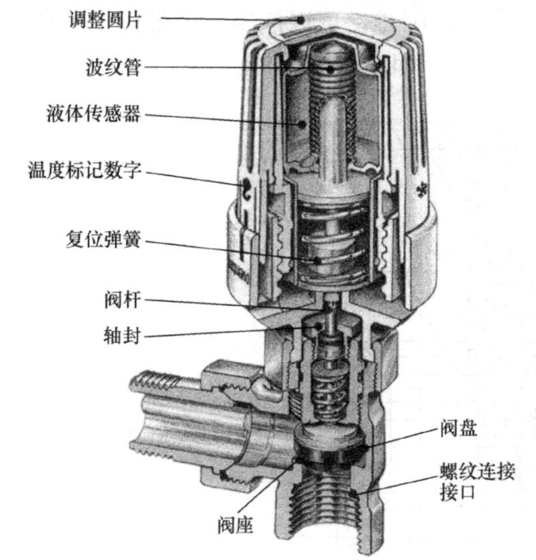

图 6.20 不需要辅助能源的温控阀

（1）不需要辅助能源的温控阀

温控阀是通过改变体积流量，使散热器的放热来适应该房间耗热量的需要。

它是由阀体（下部，截止阀）和调节器（上部，又称温控阀头）组成（图 6.20）。温控阀头里充了具有较大膨胀系数的液体、气体或膏状体。在受热时，这些物质强烈膨胀，相互挤压波纹元件（波纹管）。波纹元件的提升运动传递到阀杆。根据耗热量的需要，借助阀盘复位弹簧反抗的力来关小阀门的流通截面积（图 6.21）。温控阀体中阀杆推动阀盘的行程应等于温控阀头中膨胀元件的过程。

国内有些温控阀阀体与阀头是由两个厂家生产的，相互不匹配，会出现关不死。

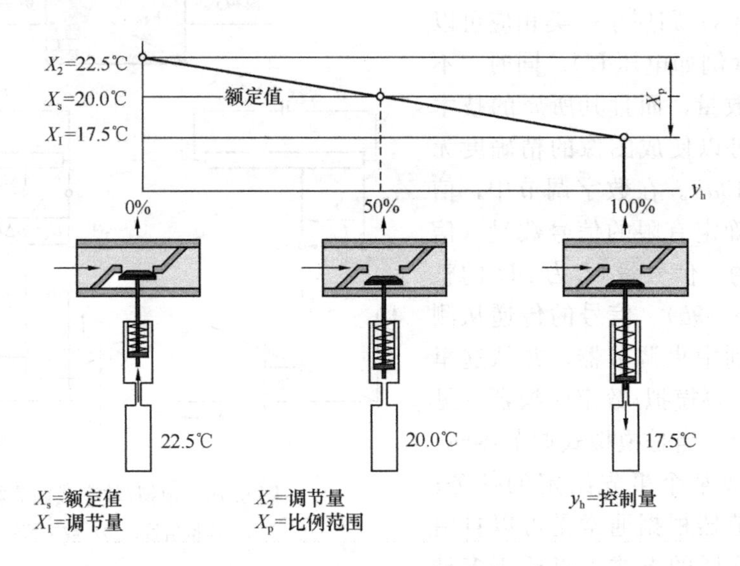

图 6.21　温控阀的工作原理

温控阀调节器属于比例调节器。在安装前，应由安装工人根据设计人员的要求和来自厂家的资料做好预调。这个预调位置的严格调试，首先由设计人员计算该散热器或地暖加热管回路的压力降与质量流量，选择各回路温控阀的压力降与管路的压力降之和大致相等。也就是说，预调位置与厂家资料中提供的质量流量和压力降有关系（图 6.22）。若是独立、小型的供暖系统，可以粗略地调试，一般按管路的长、短而定，但温控阀的压力降加上回水止回阀的压力降，不得超过该回路总压力降的60%，用专用钥匙调到 1 ～6 的确定位置。在正常情况下，温控阀头的安装位置应该不妨碍室内空气冲刷到温控阀头，如果被窗帘或装饰板遮挡，会产生蓄热，导致错误测量。所以在这种情况下，应将温控阀和温度传感器分开，即安装远程传感器。如果温控阀头安装在螺丝固定的木质装饰板格栅后面，或地下格栅中（对流式散热器），调节额定值比较困难，可以使用一个带额定值调节器的远程传感器（图 6.23）。

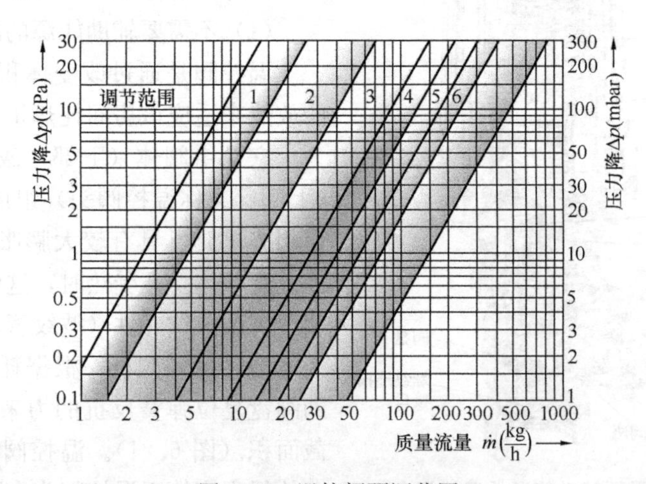

图 6.22　温控阀预调范围

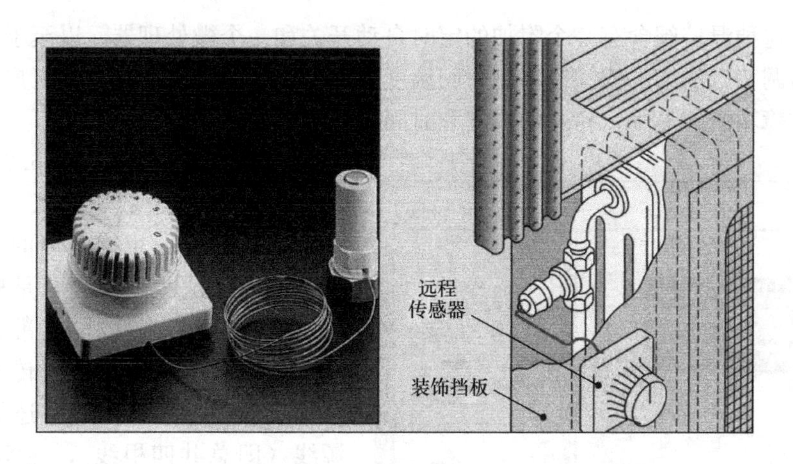

图 6.23　带额定值调节器的远程传感器及其安装位置

在供暖系统中，由于各个散热器回路或地暖加热管回路管段的阻力不同，用一般的阀门进行个体的水力调节比较困难，因而造成热力失调。有些进口厂家的温控阀，具有预调功能，可以大大简化这种调节。

［**例题 6-1**］　如图 6.24 所示，若在散热器 2 管段中的阻力损失比在散热器 1 管段中的阻力损失大 10kPa，散热器 2 的额定功率是 1300W，供水与回水的温差是 15℃。求该散热器的热水质量流量与预调值。

解： 散热器 2 的热水质量流量为

$$G=\frac{Q}{c\cdot\Delta t}=\frac{1300\mathrm{W}}{1.163\,\frac{\mathrm{Wh}}{\mathrm{kg\cdot K}}\times 15\mathrm{K}}\approx 75\mathrm{kg/h}$$

在图 6.22 曲线中，根据热水质量流量（75kg/h）和温控阀的阻力损失（10kPa），预调值为 3，这样就可以使得散热器 2 和散热器 1 的管段阻力损失大致相等。

但是这里要注意：

1）各个厂家的温控阀预调值是有差异的，预调时应使用该发明生产厂家提供的曲线。

2）温控阀的阀权度（即该阀门的阻力损失占该管段总的阻力损失的百分数）最好应该控制在 0.3～0.6 之间。

3）一般较大的供暖系统的预调值的计算由设计人员完成，而具体的预调工作则由供暖安装工在安装温控阀前用专用钥匙进行。在独立供暖系统中，因为缺乏精确的设计计算，施工人员可以进行估算（在散热器或地暖加热管热水质量流量相差不大、而回路管段较小的，预调值选小的；反之，则预调值选大的。若质量流量较大者，则预调值稍大些）。

4）温控阀的预调与回水锁闭阀的预调功能一般是一样的。通常，选温控阀预调的较多；较少情况下，两者都调。

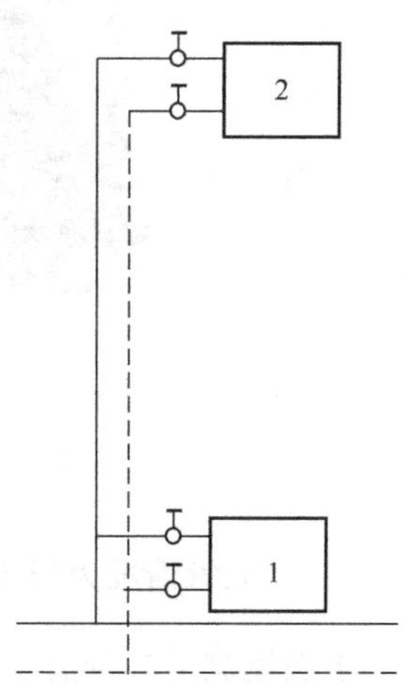

图 6.24　通过温控阀的预调，使各散热器管段的阻力损失大致相等

（2）带辅助能源的电子式温控阀

带辅助能源的电子式温控阀是不需要辅助能源的温控阀的

衍生产品。这种温控阀含有一个附加的定时自动开关和一个微处理器，以至于它可以作大量的有用的调节，例如：夜间或休息时间温度的调低；具有防冻功能；在窗户开启时，阀门关闭；故障功能的显示；特殊的温度和时间的程序。

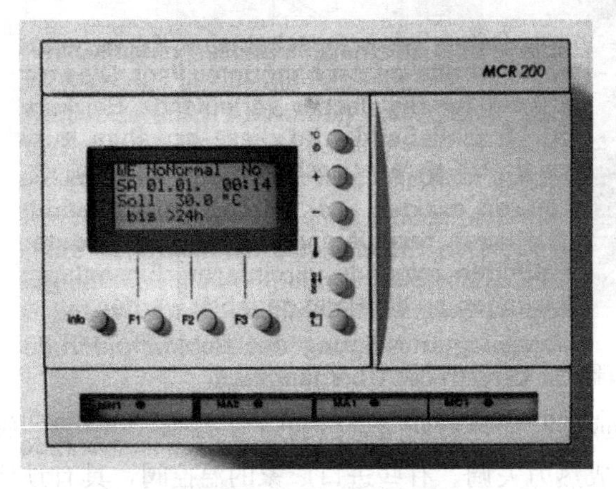

图 6.25　带温度传感器的 DDC 调节器

在这种调节器中（图 6.25），一个计算控制器借助于数学公式（调节运算）在一定的时间段里确定新的数值，进行调节。因为这些信号完全是根据数字化确定的，它仅仅接收的是准确的量，通过两根电缆线将所有数据传输到其他工作站或驱动装置。当然它还需要两根电源线（即总共四根线），在实际工作中，一些安装人员将电源线的零线与公共线合并，即采用 3 根 $0.75mm^2$ 的电缆线连接。

电子式温控阀可以配置一个热驱动装置（机电式操作）或电动驱动装置（电动机操作）。

在热驱动装置上，借助于一个膨胀元件打开或关闭阀门，这需要从普通电网中获取能量（图 6.26）。

在电动驱动装置的电子式温控阀上，安装了电池（在两个供暖周期后，必须更换），这就省掉了电网连接（图 6.27），当然也可以设计使用电网电压的。

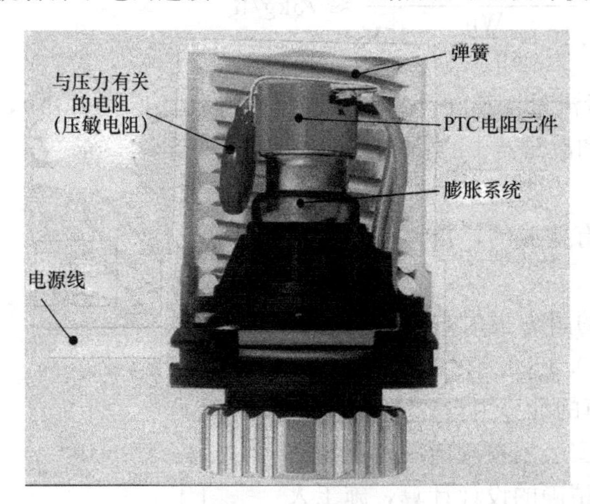

图 6.26　带电动机驱动的

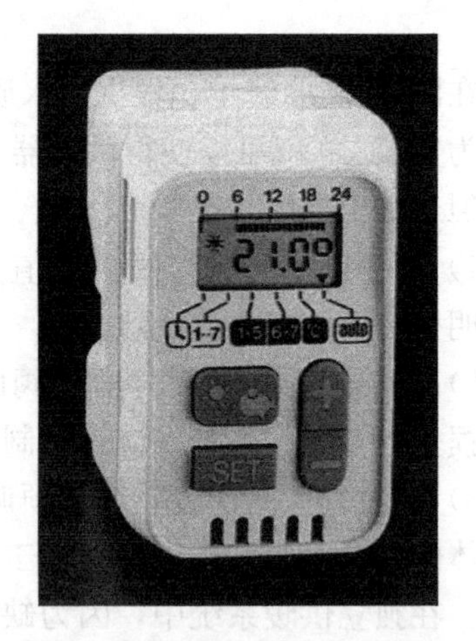

图 6.27　热驱动式装置电子式温控阀

6.3.2　以天气情况为导向的供水（锅炉）温度的调节

上面模糊调节所描述的例子中使用了若干个指令参数，不过要确定通常使用的、与供热相匹配所需要的指令参数是室外温度，即以室外温度为导向。同时，一定的室外温度与相应的供水温度有关系。如果将数值所对应的点紧密地连接起来，很容易产生一条向上的、背部拱起的曲线（图 6.28），这条曲线与散热器的放热相对应。

以室外温度为导向的供暖调节的基础是随着室外温度的下降，加热房间的热损失增大，为了保持室内温度，所以必须供给室内更多的热量。当依然如故的散热器要增加发热功率，通过提高供暖热水（供水）的温度，或者相反。在低温水锅炉，这种调节也称为锅炉温度调节。

在德国，以室外温度为导向的供暖调节适用的范围是：较大的住宅；具有多个朝向的房间的建筑物；使用时间不同的情况；使用人群不同（例如孩子/父母）；具有多个家庭和多人的建筑物（不适于自动优化的以室外温度为导向的调节）。

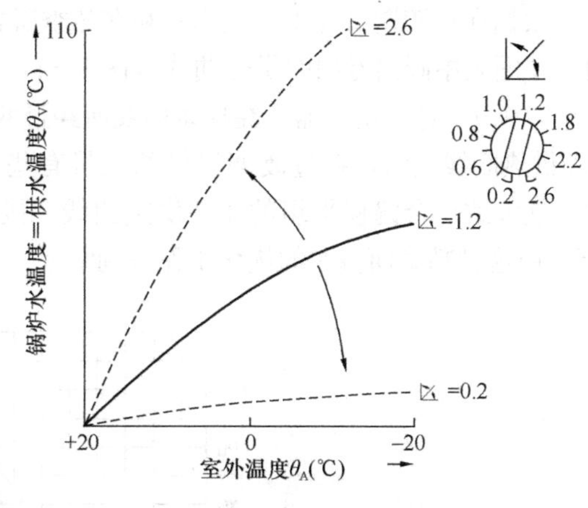

图 6.28　供热曲线

供水温度与室外温度的比值关系称为供热曲线，或者说供热曲线描述了供水温度与室外温度的关系。

但是若供热设备以不同的系统温度运行时，由于房屋结构的多样性，绝热和蓄热特性（热力性质）具有强烈的差异性。必须依靠一个通用调节器有若干条曲线可以进行调节。各个曲线的标记是来自于斜率的大小。如果将供热曲线的起点（最下点）与确定的终点用直线连接起来（例如：$\theta_A=-20℃$），与轴线平行的直线连接起来，形成一个直角三角形。

若将供水温度的变化（$\Delta\theta_V$）与所属的室外温度变化（$\Delta\theta_A$）成比例，那么就得到供热曲线的特性因数（图 6.29）。

除了图 6.28 所表示的供热曲线斜率可以调节外，曲线还可以平行地向上或向下移动（图 6.30）。向下移动可以作为夜间温度的下调用，向上和向下的移动需要用于随后解释的曲线优化。

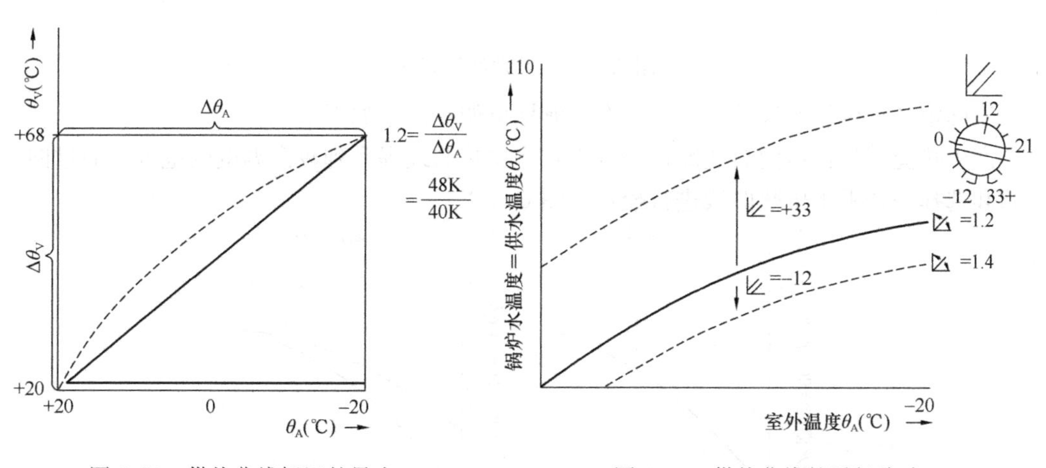

图 6.29　供热曲线标记的导出

图 6.30　供热曲线的平行移动

假设：一个单户住宅采用热水集中供暖，有关供暖面设计的系统温度以 $\frac{\theta_V}{\theta_R}$ 为基础（假设室外的最低温度是−12℃），由此产生了一条图 6.30 中 1.4 的供热曲线。这个计算结果只是在理想情况下与实际要求一致，在最不利房间要维持其室内温度时，还必须提供足够的热量。

正确的工作点，即正确的特性曲线，通常仅可以通过在一个较长的时间里多次的调整和适应来寻找。

根据在过渡期（春季，秋季）和在冬季所找出的室外温度与有关联的供水温度数值对，可以在图表中画出专门的供热曲线（图 6.31，假设：$\theta_A = -20$℃，$\theta_V = 75$℃；$\theta_A = 7.5$℃，$\theta_V = 50$℃）。这个调节器不在这条曲线所经过的室外温度的全部范围里。这条与冬季有关的 1.4 供热曲线表明，在过渡期提供的热量有些小。所以首先将曲线做一点必要的平行的调整。这大致适合偏移平坦的 1.2 供热曲线。接着，将这选择的曲线平行地向上移动约 8～9K。由这种精确而费时的优化工作得到结果，给安装工人或客户下列简化的调节说明：

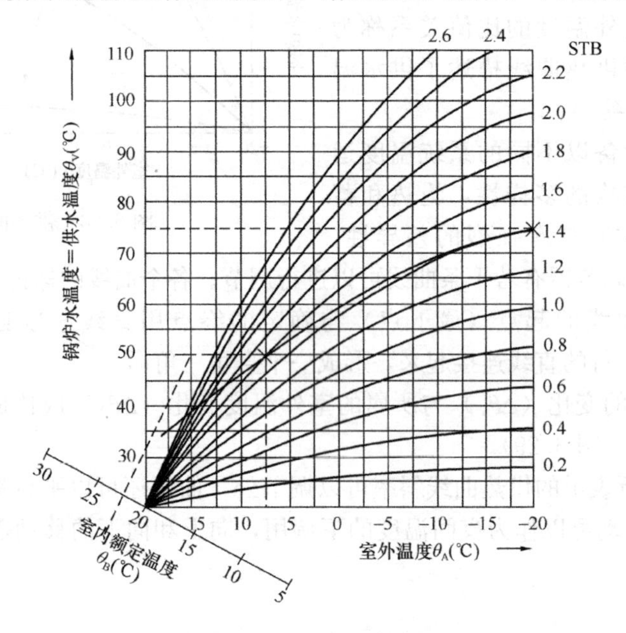

图 6.31　供热曲线计算图

当确定冬季供热曲线的斜率后，在过渡期可能会产生如下情况。

产生热能不足：房间会变凉，所以必须将供热曲线提升到较高温度的范围。通过向上平移和选择一条平坦供热曲线进行校正（图 6.32）。

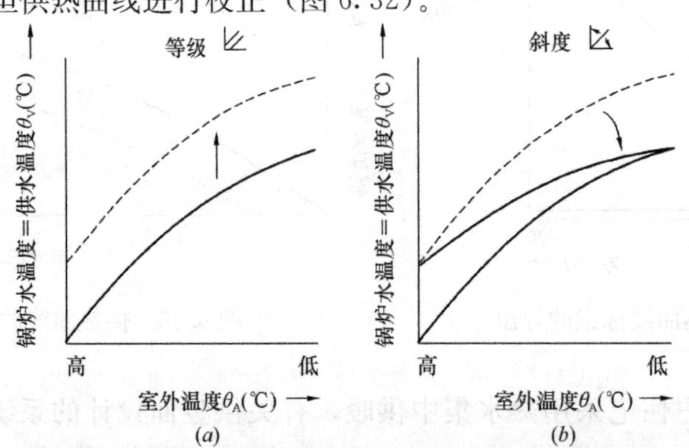

图 6.32　用比较扁平的特性曲线来优化供热曲线

产生热能供过于求：在调节状况时，客户注意不到这点，当达到室温时温控阀关闭。但是为了节能，这里也应该再调整一下。通过向下平移和选择一条较陡的供热曲线进行优化（图 6.33）。

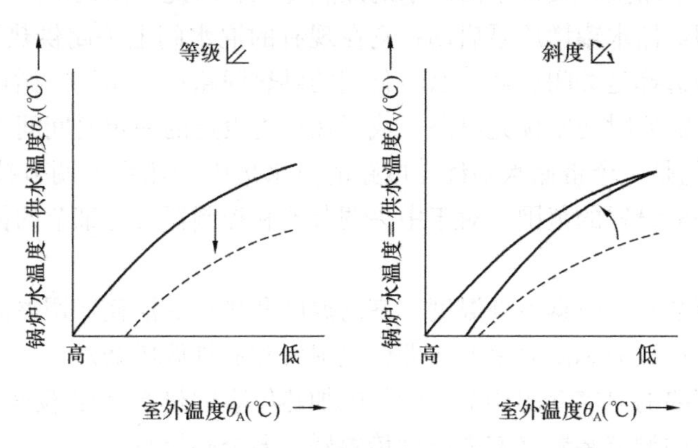

图 6.33　用较陡的特性曲线来优化供热曲线

因为在许多情况下，安装企业不会、使用者也不会花时间进行这种奢侈的优化，所以就配置一些具有自动控制、自动适应功能的调节器。这种调节器的功能，是使设备供热特性曲线（供热曲线）通过室外温度、供水温度和室内温度的分析逐步、自动地适应建筑物的供热特性曲线，被称为适应能力。

但是对于最终用户来说，表面上看，起作用的不是调节的供水温度，而是室内温度起的作用。所以一些调节器生产厂家在计算图中使用了一条室内温度轴线（图 6.31）。

由此，很清楚地得到结果，供水温度变化大约 10K，室内温度变化约 2～3K（通过供热曲线的平行移动）。

6.3.3　锅炉水的最低和最高温限

由于冷凝水问题，锅炉在低的回水温度时需要一个所谓的基础温度（称作最低锅炉水温度），这个功能在（新潮的）调节器上可以由专业人员调节。最高温限（在陡峭的特性曲线时是必不可少的）是通过一个最高温限器或者通过以气候变化为导向的调节器给定上一级锅炉回路调节器以例如至 75℃的调节温度（图 6.34）。

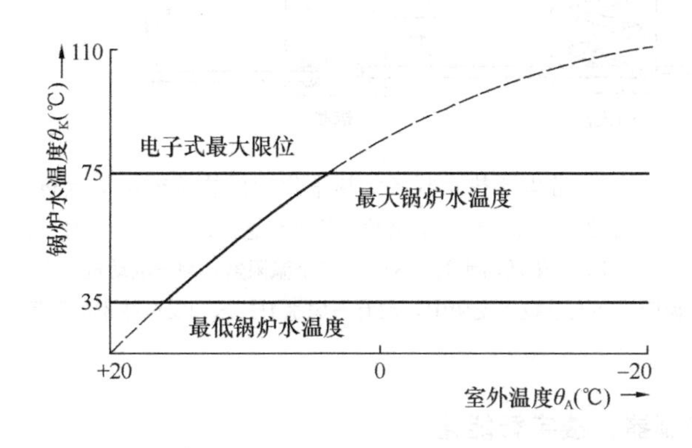

图 6.34　锅炉水的温度限制

6.3.4 储水罐优先电路

在储水罐优先电路里，安排生活用水的加热优先。对此，由锅炉产生的全部热能提供给热水储水罐，即：储水罐增压泵启动；它在现有的混水阀上关闭供热回路的能量输送；对混水阀的另一种选择是关闭三通混水转化阀的供热回路；关闭供热循环泵。为了避免建筑物变凉，或者在需要时切断优先电路，或者在事先设定的一定时间间隔后中断。

图 6.35 表示的是一个带储水罐优先电路的热水集中供热系统调节技术可能性的示意图。根据产品和任务设置的范围，对于中央调节器和控制器会有细节的偏差，在我们的内容中可能没有涉及。

（1）产热调节装置：根据室外温度、室内温度和热量的消耗，调整需要。要保证设备在能量转换时是低排放的和高效率的（即低热损失和低排放燃烧）。

（2）服务于需要的热储存的调节（例如电加热供暖的热水储存-夜间分时用电）；

（3）室内温度的调节装置（室内温度传感器、温控阀等）；

（4）服务于需要的生活热水制备的调节。

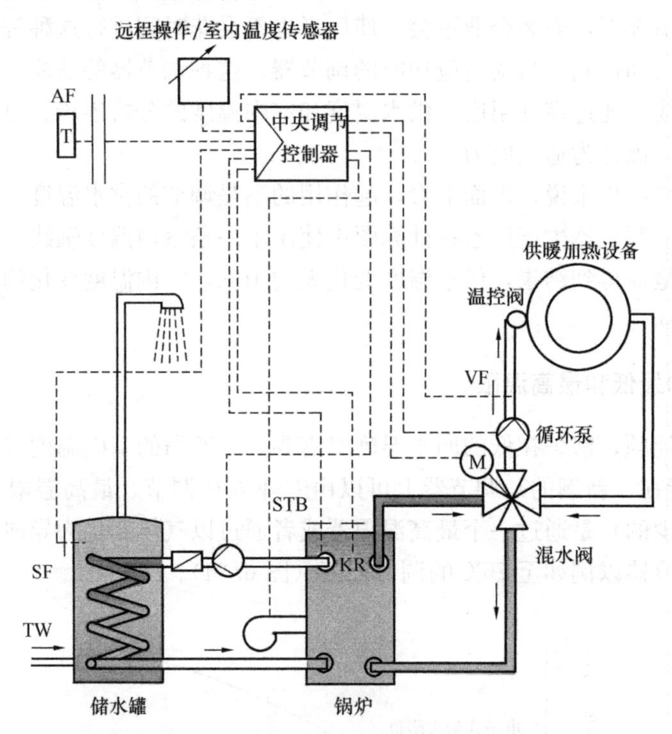

图 6.35 带生活热水制备的热水集中供热系统调节示意图

AF—室外温度传感器；VF—供暖供水温度传感器；SF—安全温度传感器；

TW—生活给水管；STB—安全温限器；M—电动机

说明：在调节技术说明中，没有考虑水力技术和安全技术的装置。

6.3.5 DDC 调节控制器，楼宇智能化

大约从 1980 年开始，微处理器引入供暖和通风空调工程中，用计算机监视、控制和

调节这些系统越来越多。由于小型计算机和微处理器的价格下降，DDC调节控制器（直接数字控制）排挤模拟式技术越演越烈。作为楼宇智能化的初级阶段，DDC调节器也用于较小的建筑物里。

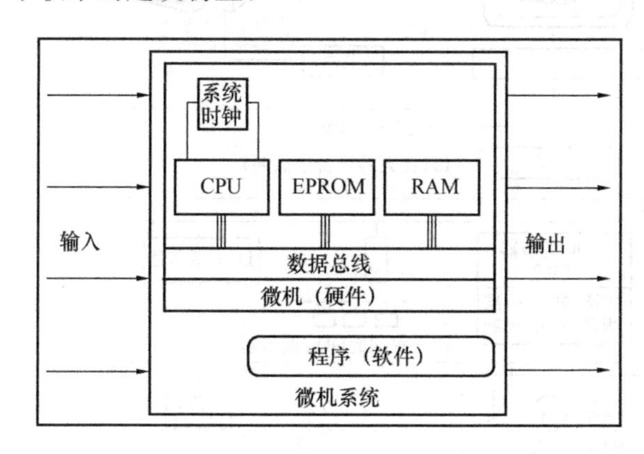

图6.36　小型计算机的原理结构

微处理器也称作CPU（中央处理器），是用来集中处理的单元器件，在某种程度上可以说是调节器的“心脏器件”。它用一定的系统时钟处理命令，这些命令由软件（程序）预先给定，并通过一条数据总线（BUS）与计算机的系统部件相互连接、控制所有需要调节控制的设备（图6.36）。在工作存储器（RAM）中，数据和程序是随机存取的（在计算机关闭后，RAM里的内容将丢失）；在固化存储器（EPROM）中数据可以固化和自由编程（可以再改变），在供给电压切断后，数据和程序也可以被存储下来。

微处理器可以根据编程接受许多任务，例如：

1）精确到分钟的日程序、周程序和年程序的转换；

2）实现学习过程，例如供热特性曲线的适应性；

3）室内温度夜晚的下降；

4）防冻的接通；

5）故障的诊断和功能的检验；

6）测量数值和运行状态的显示；

7）建筑物和设备参数的确定。

DDC调节控制器可以自动地工作，即对于它通常情况下的功能，不需要上一级的计算机系统。通过数据线，DDC调节器可以相互简单连接起来，并例如互相交换测量值。

在模拟量系统中，对于每个供暖回路，通常需要一个自己的室外传感器。在数字系统中，一个连接在最近的DDC调节器的传感器就足够了。在调节器中，测量值数字化，并通过数据总线转交给这个需要该值的调节器。

如果将若干个DDC调节器通过数据总线（BUS）连接起来，并连接到中央处理器（计算机），人们称之为楼宇智能化系统。

一个楼宇智能系统的设备分为四个等级：

1）主控中心：至少具有一台计算机、一个显示器和一台打印机；

2）分控中心：中间的和较大的设备（通常，数据只作内部处理）；

3）DDC调节器：具有例如调节、控制、数字化、报警、接通和校准的处理功能；

4）传感发送器：它连接到DDC调节器上，例如像温控阀、传感器和计数器。

主控中心的优点：可以储存产生的故障、在显示器上显示出来，用打印机打印出来并通过自动转换清除。在与电话网络连接上时，也可以将故障通知传递给连接的维修公司（图6.37）。

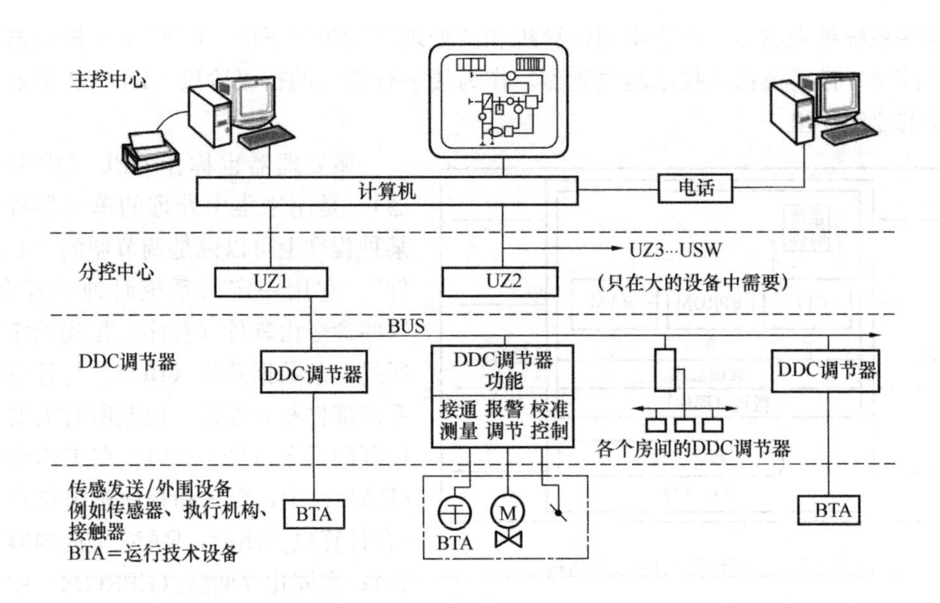

图 6.37　楼宇智能系统示意图

通过楼宇智能技术，是相互协调的部件配合，才保证了理想的能量使用、较高的舒适性、和较大的运行安全性。

未来的发展，所有的建筑设备都要具有自动化控制，例如遮光帘和照明的控制、窗户的开启和关闭，以及建筑物的安全和关闭系统（图 6.38）。

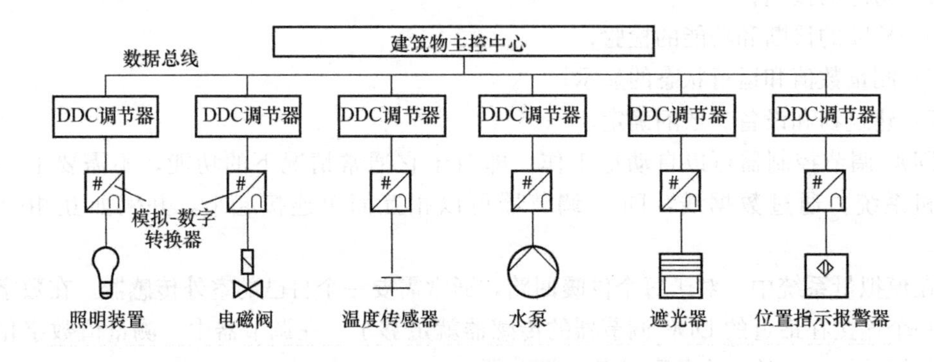

图 6.38　建筑设备自动化控制示意图

6.3.6　三通混水阀与四通混水阀

在供暖系统中，作为调节回路执行机构的三通混水阀与四通混水阀，使用越来越普遍。它们主要是用来作为散热器和地暖在气候变化时候的预调机构。根据需要，它从锅炉回水取出或多或少的水，与锅炉的较高温度的供水混合，供给供暖回路。

三通混水阀有三个通路的接口，具有混合与分配的功能。将两种不同温度的流体在阀中混合（图 6.39）。接口 A 称为调节门，接口 B 称为旁通门。如果作为分配阀使用，流体在接口 AB 出分成两路，混合点在阀外。在压差小的时候（约小于 0.8bar），混合阀也可以作为分配阀使用；对于压差较高的时候，就使用三通混水阀原来混合阀的

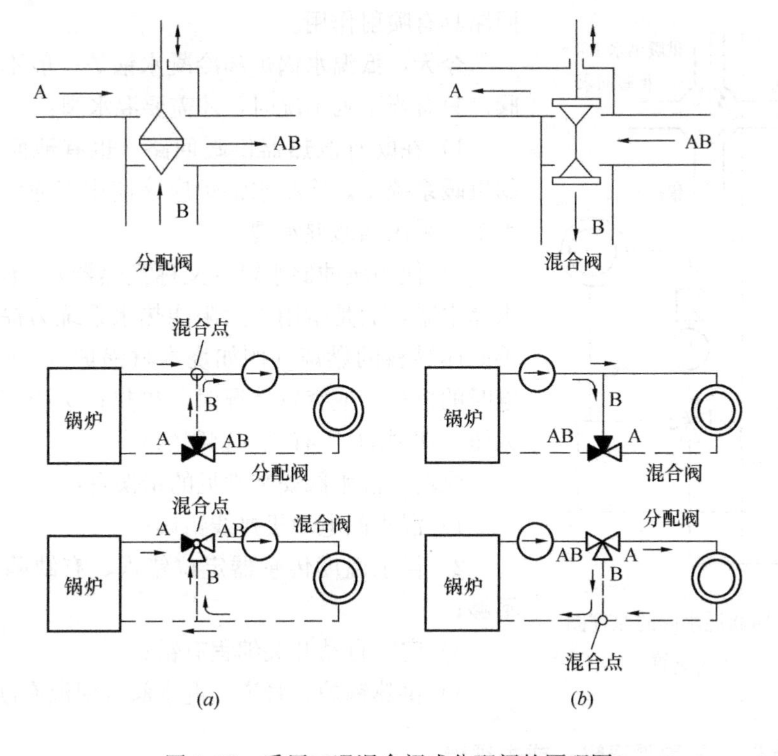

图 6.39　采用三通混合阀或分配阀的原理图

(a) 锅炉回路和旁通管的流量是变化的，用户回路的流量大约是恒定的；
(b) 用户回路和旁通管的流量是变化的，锅炉回路的流量大约是恒定的

功能。

四通混水阀具有四个通路接口和一个旋转体，其几何形状使得两个回路（锅炉回路/供暖回路）的液体流既可以混合，也可以分开（图 6.40）。

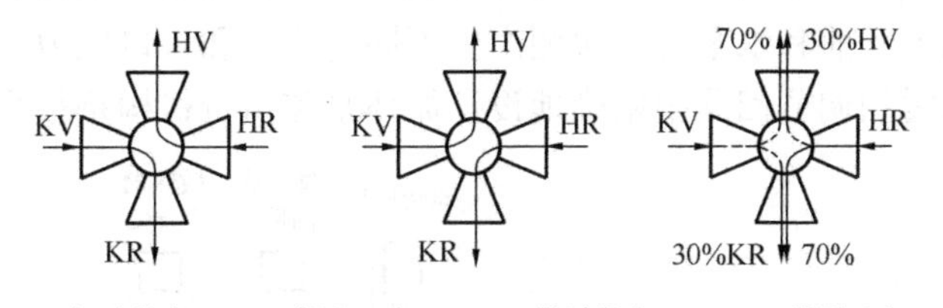

图 6.40　四通混水阀的调节

KV—锅炉供水；KR—锅炉回水；HV—供暖供水；HR—供暖回水

混水阀可以手动调节，也可以由调节器驱使电动机自动调节，现在一般由电动机自动调节。供水温度是借助于循环泵后面的温度传感器测得和相应供热曲线的额定值比较，在电动机混水阀上实现。

对于传统的锅炉来说，四通混水阀如图 6.41 所示，其优点是：锅炉的回水温度得到一些提升；在保持节约式运行时，混水阀的开口受到限制，而保持一个较低的锅炉水温度（例如 65℃）。根据混水阀的位置（旋转角度），回水温度的提升与下列因素有关：重力循环的锅炉由于浮力不是很大（所以四通混水阀应尽可能直接安装在锅炉上）；带泵的供暖

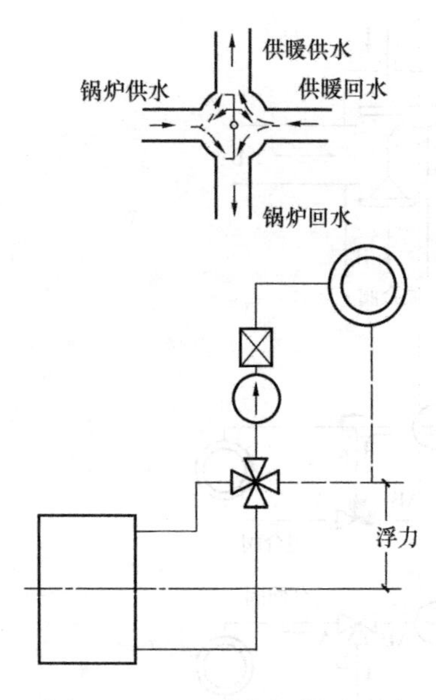

图 6.41　四通混水阀的原理图与其安装位置

回路具有喷射作用。

今天，低温水锅炉和冷凝水锅炉一般不再需要混水阀。只有当下列情况时，才需要混水阀：

1）在既有散热器供暖回路、也有地面式供暖回路的供暖系统中。冷凝水锅炉应该使用三通混水阀，低温水锅炉采用四通混水阀。

2）使用缓冲储水罐（又称换热器），不是指生活热水储水罐，而是指用于太阳能热水系统为提高效率或改善固体燃料的燃烧（例如烧木材锅炉），或热泵系统断电时的搭接，或突发情况时的供热；缓冲储水罐可以是无压（塑料的）/有压（钢制的）。

电动机混水阀安装常见的错误有：

1）混水阀电动机接线错误；

2）供水温度传感器定位错误、有缺陷或者热感应不够；

3）定时自动开关编程有错；

4）供热锅炉、管道、混水阀等保温有缺陷。

6.3.7　混水器（又称隔离罐，或去耦罐）

（1）混水器的作用与工作原理

混水器的前身是无压分水器。为了避免热量的供给者（锅炉）产生“脉冲式的波动”（各个供暖回路的饱和），在过去是配置带一根溢流段的集分水器（称为无压集分水器，图6.42），当任意一侧流量大于另一侧时，通过溢流段调节到另一侧。这种集分水器所需的锅炉回路的水泵总是要高于设计功率，使得在满负荷运行时有一定的溢流水流量。这种措施的缺点是，在调节阀前和水泵的二次侧产生不同的流量和入口压力。所以调节特性的变化，使得在流量所需的调节回路中精确地设计循环泵和执行机构是很难的。因此，现在已

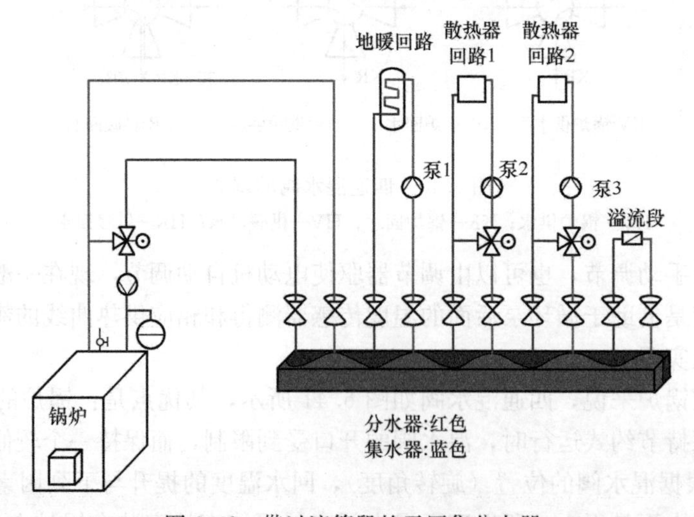

图 6.42　带过流管段的无压集分水器

经被混水器所取代。

混水器又称隔离罐或去耦罐（图 6.43），一般用于冷凝水锅炉、多台锅炉，或一台锅炉循环水流量小的时候，或系统流量大于热源允许的最大流量，或热源连接了多个供暖回路（如地暖与散热器混合系统）时，以适应功率的匹配。当供暖系统的某一个支路或用户的流量发生变更时，其余支路或用户的流量及锅炉的流量都将受到影响，从而各个循环回路的水力平衡被破坏。它可以去除热源和热量使用装置之间的水力耦合作用，通过一个压损近乎为零的区域，让水泵实现各自的循环，互不干扰。

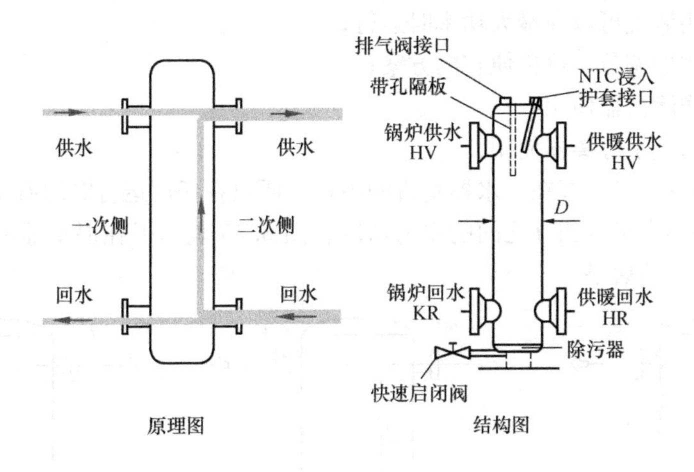

图 6.43　混水器原理图

当热量使用装置的水循环量大于供热锅炉的循环量时，可以通过安装上混水器来避免使用装置的供应量不足。当然，热量使用装置的回路需要一台附加的泵。锅炉回路的水泵尺寸也必须足够大。在具有两个供暖回路的系统（地暖/散热器系统，或具有几个散热器回路的系统）时，如果没有安排无压分水器，需要一个混水器，以便使水泵之间相互不干扰、不产生噪声，而且恰当的混水器可以使系统达到水力平衡。

可能的话，缓冲储水罐（又称为换热水箱，用于单热源多用途或多热源多用途系统，当有多余热量产生时就储存起来，有用热需求时就释放出去）也能作为混水器使用（图 6.44）。但是，若该换热器换热能力小于壁挂炉的功率，会导致燃气阀启动频繁而损坏。因为当壁挂炉从储水罐传感器得知水温过低而启动，被壁挂炉加热的水流过储水罐时因为盘管换热效率低，回到壁挂炉时由于温度仍较高，壁挂炉关闭；然而储水罐中水温仍然较低，其传感器给壁挂炉发出启动加热的信号，如此反复，燃气阀极易损坏（燃气阀的启动关闭寿命为 10 万次）。

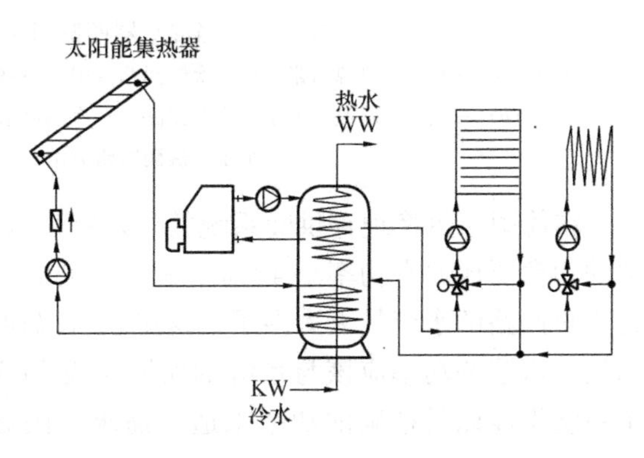

图 6.44　缓冲储水罐作混水器用

原来由一台水泵构成的“大循环”或锅炉加用户，改为各回路独立循环。从名义上看，水泵的数目增长了，增添了一次投资，但每台水泵的功率要比原水泵小很多。同时各支路独立循环，便于管理与调节，防止了调节中有可能呈现的水力失调。当某一支路不工作时，可封闭该支路的循环泵。使用混水器构建系统，有利于管理与节能。

所以混水器的优点归纳为：

1）在不同的流量时能水力去耦；

2）供热锅炉或热源总能提供恒定的流量；

3）温和的调节（高的效率，最小的排放）；

4）热量使用装置可以在最大功率时运行；

5）较低费用的调节，价格便宜的方案；

6）可以当作除污器使用；

7）可以作为气水分离器使用。

供暖系统的零压点正好在混水器垂直的中点。所以在任何运行时间有不同的流量流过时，不同的回路不会影响相互之间的水力情况。图 6.45 表示了在混水器两侧流量相同和不同情况时所产生的后果。

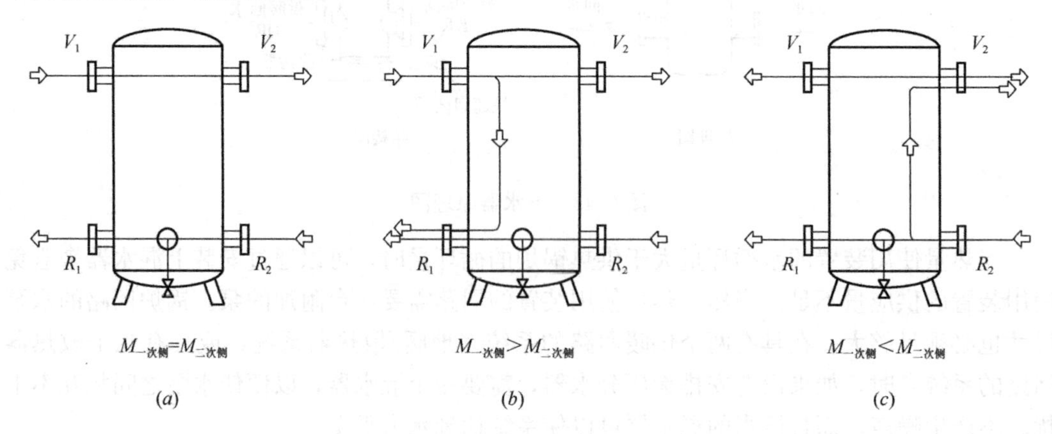

图 6.45　当混水器两侧回路流量的大小变化的后果

（a）一次侧回路（热源回路）和二次侧回路（用户回路），因流量相等，为在混水器里混合了冷的回水；（b）一次侧回路流量大于二次侧回路，一次侧供水温度比一次侧回路低；（c）一次侧回路流量小于二次侧回路流量，二次侧回水温度升高

在德国，更换现存供暖系统的供热锅炉（更换旧系统的热源）时，一般情况下新锅炉的功率要比原有功率小 40%。正常情况下，旧系统的水泵设计超过实际 2～3 倍，因此用户回路的水流量大太多了。这里就可以通过混水器进行合理平衡与分配各个流量。当然，水泵的功率应该与系统的实际情况相匹配。借助于多级泵或更好的变频泵在这个系统里能以最精确的功率来适应需求。因此，在大多数情况下，电能运行费用可以降低到70%。

为了达到完好的功能，混水器必须设计准确。那么这种情况时，在一次侧和二次侧回路之间实际不会产生压降。另外一种表达也可以说，当在平衡管中额定的水流量以微不足道的流速（小于 0.1～0.2 m/s）流过时，混水器的设计是正确的。在假定的流速时的流过横截面，或者在给定横截面的流速，可以用下列方程来计算：

$$w = \frac{\dot{V}}{3600 \cdot A}$$

式中　$\dot{V}$——循环泵/锅炉回路泵的流量（m^3/h）；

　　　w——在混水器中水的流速（m/s）；

　　　A——流过的横截面积（m^2）。

混水器中流体纵向的流速应为系统中流速的1/10，最好不要超过0.1～0.2m/s。通常情形下，混水器连接管中水流速为0.7～0.9m/s，假如混水器的直径为连接管直径的3倍，则去耦罐中的均匀流速一般不会超过0.1m/s。现在有些公司在未设混水器时，使用自己设计生产的集分水器，其直径与连接管管径的比例偏小（正确的应至少为2∶1），使得水流在集分水器中的流速较大，各个供暖回路的水力相互影响较大，调试比较困难。

可能的话，锅炉的水泵也应根据锅炉回路的压力计算。水泵流量按所有供暖分回路的总流量加上5%～10%的附加值，以便在所有分回路满负荷时保证从分水器准确地循环回到集水器上。如果这个供给泵设计太小，各个供暖回路可能会不够热，因为供暖回路水泵可能会相互影响。

（2）混水器的安装与调试

混水器应优先竖向安装，以便达到温度分层、使得供水和回水在混水器中明显分开；在与系统连接时，温度高的管道（如供水管）应接在上部，温度低的管道（如回水管）应接在下部。若混水器安装在壁挂炉的旁边时，可按图6.46安装。

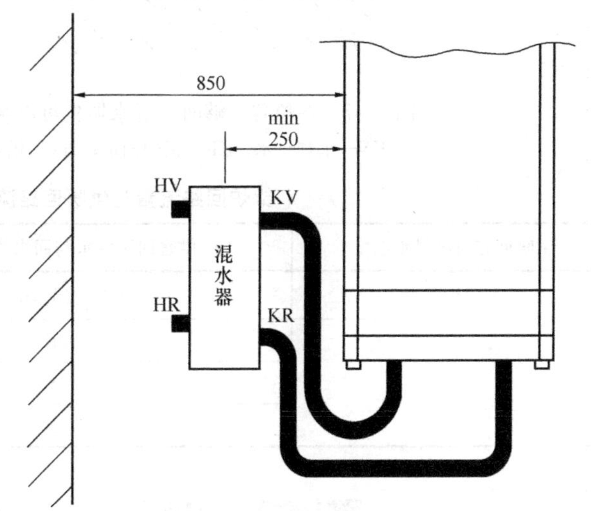

图6.46　混水器应优先垂直安装

KV—锅炉供水；KR—锅炉回水；

HV—供暖供水；HR—供暖回水

在位置不够时，混水器也可以水平安装在壁挂炉的下方，但是锅炉回路的接管应朝上（图6.47）。

混水器上部安装主动排气阀，下部安装排污阀或者堵头，混水器与系统都得做绝热。

冷凝水锅炉的混水器调节应做到：冷凝水锅炉回路的流量应准确调节，应在锅炉运行后，紧接着就立即调节（图6.48），因为在运行期间会将平衡阀的观察窗口弄脏。冷凝水锅炉回路的流量可以根据下列公式确定：

$$\dot{V}_{KK} = f\dot{V}_{HK}$$

式中　$\dot{V}_{KK}$——锅炉回路流量；

　　　$\dot{V}_{HK}$——供暖回路流量；

　　　f——锅炉回路流量与供暖回路流量的比值，见表6.1。

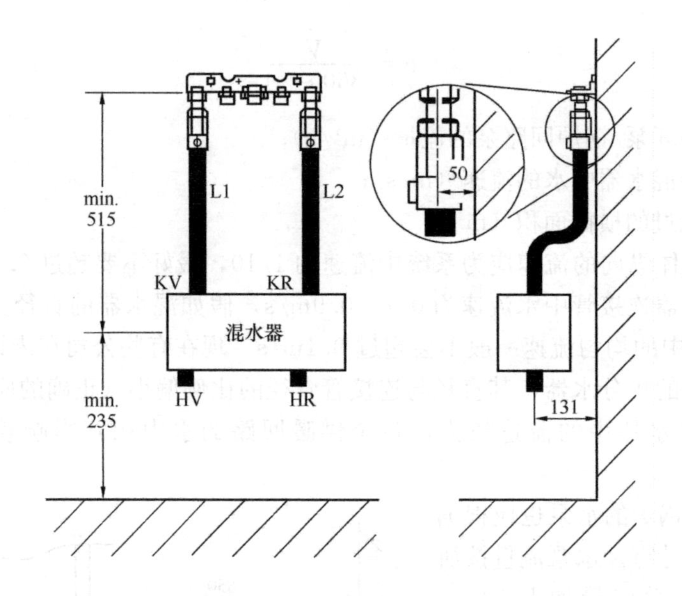

图 6.47　在位置不够时，混水器也可以水平安装在壁挂炉的下方

KV—锅炉供水；KR—锅炉回水；HV—供暖供水；HR—供暖回水

锅炉回路流量与供暖回路流量的比值　　**表 6.1**

供暖回路最大供水温度	供暖回路供水与回水的温差 Δt	两个回路的流量比值 f
≥80℃	所有的温差范围	1
<80℃	20K	0.7
	15K	0.6
	10K	0.5

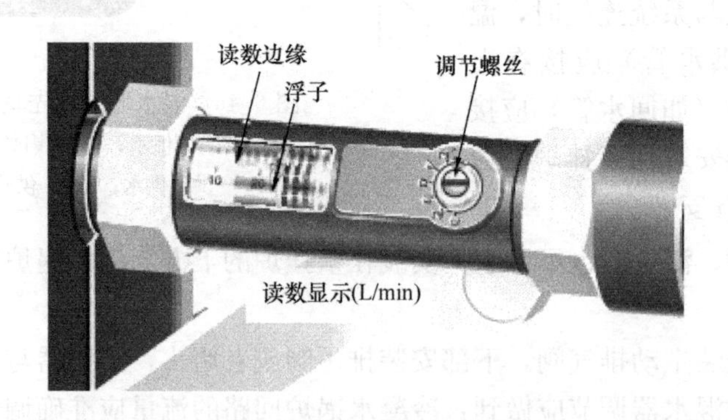

图 6.48　在平衡阀上调节锅炉回路的流量

[例题 6-2]　已知：供暖回路水流量 $\dot{V}_{HK}=24L/min$，供暖回路最大供水温度＝40℃，供暖供水与回水的温差（设计温降）$\Delta t=15K$。

确定锅炉水流量 $\dot{V}_{KK}$。

解：查表 6.1，得到比值 $f=0.6$

$$\dot{V}_{KK}=0.6\times24L/min=14.4L/min$$

在平衡阀上调节流量值为 14.4L/min。

调节时，锅炉回路的水泵必须运行，但是燃烧器不必运行。

用起子旋转调节螺丝，直至调到锅炉回路计算的流量。

如果平衡阀开启在位置 6，已达到最大可能的锅炉流量，就不可能再升高了。

通过校正调节锅炉流量 $\dot{V}_{KK}$，将避免回水温度升高和在设计工况下的冷凝水锅炉的效率恶化。

在调节时，非冷凝水锅炉回路的流量处于完全打开位置（位置 6）。

锅炉回路的供水温度必须相称。调整功能时，锅炉的最大供水温度应比设计情况时的热负荷计算确定的调高约 10K。调节锅炉的最大供水温度时，调节旋钮作为近似值，调节约高一个数码。最大的供水温度的调节在锅炉安装的说明书中有描述。

调节螺丝的一字槽在 6＝全开；

调节螺丝的一字槽在 0＝全闭。

附录

整体解决方案才是节能唯一的途径
——分析两个德国家庭供暖系统的能耗

随着我国经济的发展和人民生活水平的提高，在没有集中供热的南方地区，现在越来越多的家庭开始安装独立供暖系统。但是安装运行以后，很多业主埋怨燃气费用或电费很高，不少业主就采取有人在家里时则开启供暖、无人在家里时则关闭供暖的错误做法。由于一些公司安装独立供暖的耗气量大，导致冬季在一些地区天然气的气压明显减小，影响燃气壁挂炉的正常燃烧，甚至影响到燃气灶的烹饪，因而这些地区的燃气公司对燃气壁挂炉的安装或壁挂炉的用气进行了限制；一些公司安装电暖的耗电量大，导致线路负荷较大，使得用户不敢全部开启。

正因为独立供暖系统运行费用的高昂，使很多想安装的家庭持观望态度。一些打算安装独立供暖的家庭，在咨询时经常提到的问题就是耗气量多大、能耗多高。这是一个比较难以回答的问题。因为各个家庭的情况与各地的气候千差万别，我国目前也没有这种详细的测量统计数据。

这里，我们对德国的两个家庭独立供暖系统进行分析：

1. Hanuska 先生家庭（重新装修后的建筑）

1.1 家庭概况与当地气候

总建筑面积 302m^2，有效使用并供热的面积 220m^2；家庭成员 4 口人。

该地区冬天大部分最低温度在 0～－5℃，有时候也可能出现－10～－20℃。

1.2 家庭供热概况

供暖热源：燃油冷凝水锅炉，12～18kW，2 级燃烧器。

屋面有 25m^{2}太阳能集热器，设有 2400L 蓄热水箱，辅助用于生活热水（沐浴等）和地暖。

生活热水温度：55℃。

地暖供回水温度：供水 32～35℃，最高 37 ℃；回水 23℃。

房间供暖时无一关闭，整个供暖系统根据室外温度自动控制，当室外温度＜ 15℃时，供暖自动运行。每年 11 月 1 日～3 月 31 日为正常供暖期。

每个房间可以根据需要各自调节，房间设置温度如下：

客厅 20℃，卫生间 22℃，厨房 18℃，卧室 16℃，书房 20℃。夜间供暖温度下调 15%。

1.3 家庭能耗概况

该家庭供暖与生活热水平均每年消耗燃油共约 2100L，即 9.1 L/(m^2 · a)，相当于消耗天然气 9.07m^3/(m^2 · a)。

在冬天冷的月份，全家共耗燃油约 200～230L/月，相当于消耗天然气 199.3～229.3m^3/月，按照我国天然气价格 3 元/m^3，支出费用相当于 598～688 元/月。若按其一半供暖面积计算，110m^{2}冬季最冷月连续供暖耗气费用不超过 350 元。

若考虑到燃气锅炉的热效率比燃油锅炉高些，实际费用还要低些。因为这款燃油冷凝水锅炉的效率约为104%，而燃气冷凝水锅炉效率在107%～108%。

1.4 建筑绝热与供暖绝热概况

三年前，Hanuska先生进行建筑绝热和地暖系统的建造。

外墙外保温采用140mm耐火绝热层（图1）。

图1 外墙采用140mm厚绝热板

在节能维修装修前，请了专门的评估公司对住宅进行了精确的分析，以便达到省钱的目的（包括考察室内外的情况，每个围护结构的耗热量计算等）。例如原来的窗户是1979年安装的双层玻璃窗，木框保持仍然完好，根据分析只要更换玻璃，不用更换整个窗户，节省8000欧元。

住宅原楼板10cm厚，地暖绝热层采用40mm厚的聚氨酯板。

地暖加热管：采用PE-RT管*DN*16（外径20mm），敷设间距300～350 mm，总共订购了580m管子（地暖加热管管材消耗量相当于2.64m/m^2，我国目前地暖加热管管材消耗量普遍为5～7m/m^2）。

地暖加热管上方浇注水泥砂浆层厚度不少于40mm，以保证砂浆层的强度与蓄热能力；上方敷设瓷砖（这就类似于瓷砖壁炉，具有较好的导热与蓄热作用）。

1.5 能耗费用与绝热费用的回收

德国政府对节能还有一些政策，根据资金投入的量与节能效果，住户可以得到政府补贴或者贴息贷款，在完成以后由专家评估验收。补贴的金额相差较大，最多可达建造费用的20%。补贴的项目例如有：采用新燃烧技术的节能锅炉（例如冷凝水锅炉），安装太阳能热水器（辅助用于生活热水和供暖），采用节能的循环泵（达到A级能耗的新型变频泵），对建筑物进行外墙的外保温或内保温。

德国家庭若想全部回收建筑绝热费用，一般需要20年。

Hanuska家庭绝热装修的费用采用分期贴息贷款，大约7.5年后还清贷款，同样约7.5年后可以收回外墙绝热装修的费用。

2. Hank先生家庭（旧建筑）

2.1 家庭概况与当地气候

Hank先生家庭的住宅是国家经济适用房，于1983年建成，为联排别墅型。家庭成员3人（周末孩子们回来，可达5～7人）。现在供暖面积为130m^2。

墙体厚300mm，20mm厚水泥砂浆外粉刷，15mm厚石灰内粉刷，外墙无绝热层。墙体传热系数约为0.78W/(m^2·K)。

底层下面是无供暖的地下室，冬天比供暖房间冷10℃；底层地面有50mm绝热层。

阁楼层自己在屋面加装150mm厚的玻璃棉绝热层。窗户的传热系数为2.91W/(m^2·K)。

该住宅位于慕尼黑地区，冬天大部分最低温度在0～－5℃，有时也可能出现－10～－20℃。

2.2 家庭供热概况与能耗情况

(1) 供暖热源采用燃气壁挂炉，功率为15kW。供暖系统采用板式散热器。

生活热水温度45℃。

供暖供水温度随室外温度而变化，最大70℃，当室外温度为4℃时，供水温度45℃。

客厅20℃，厨房、工作室与卧室18℃，卫生间22℃。

夜间、度假或较长时间外出时，供暖温度下调15%。

整个供暖系统根据室外温度自动控制，当室外温度＜15℃时，供暖自动运行。

(2)供暖与生活热水耗气量为105kWh/(m^2·a)，相当于10.63m^3/(m^2·a)，即整个住宅供热年耗气量1381m^3，按我国天然气价格计算，支出费用约为4433元/a(若按正常供暖期5个月计算，将其他月份的零星供暖耗气量也分摊上，平均耗气费用约829元/月)。

德国人之所以如此重视节能，是因为德国人经历了1973年发生的世界能源危机，一夜间，原油价格涨了5倍，大部分汽车停开，供暖系统也不敢常开。德国的许多旧式住宅供暖能耗相当于燃油20L/(m^2·a)以上，德国将近1/3的基础能源产品被住宅供暖消耗掉，由于能源价格不断升高，使政府和住户头痛不已。德国人意识到节能的重要性，开始建立和不断完善其节能法。

从以上案例可以看出：供暖的能耗除了和供暖面积的大小、使用人数和室外温度有关外，还和下列因素有关：

(1) 与建筑绝热有关：建筑绝热做好了，不仅对我国南方地区冬天三个月的供暖起着节能的作用，而且在夏天对三个月的空调系统制冷运行也起着节能的作用。

(2) 与热源的选择有关：采用冷凝水锅炉可以提高热效率，减少氮氧化物的排放。

(3) 与调节技术的运用有关：例如夜间降低15%的温度等，减少不必要的能耗。

因此节能必须从整体性考虑，才是唯一的正确途径。

化石能源使用过程中会新增大量温室气体CO_2，同时可能产生一些有污染的烟气，产生雾霾，威胁环境、人的健康与全球生态。节能将减少烟气排放、减少雾霾的产生！

多耗能就意味着您愿意每天向窗户外撒钞票！多耗能就意味着您愿意忍受雾霾！多耗能就意味着您愿意给您的孩子及孩子的孩子少留下一些能源！

我国现在独立供暖系统的能耗非常高，是德国的3～5倍，而且能耗高的主要原因是建筑围护结构绝热未做，或做得不好。例如，德国的旧窗户传热系数约为2.6～3W/(m^2·K)，新窗户的传热系数约为1.1～1.5W/(m^2·K)。我国金属框单层玻璃的窗户传热系数为6.4W/(m^2·K)，双层玻璃的窗户传热系数为3.6～3.9W/(m^2·K)；而且我国窗户漏风量很大，造成的热损失更大。许多建筑未做外墙外保温，即使做了的也只有30mm厚，施工质量也不敢恭维。

由于设计人员、施工人员和客户的观念还无法立即接受德国的模式，但笔者建议至少可以按照先易后难的步骤，逐渐做到以下几点：

(1) 从图2可以看出，窗户和设置散热器的墙体温度最高，也就是热损失最大。以下两项措施可以节能约20%以上。

尽可能采用节能的木框或塑钢框双层玻璃窗户来更换能耗高的窗户（能耗高的窗户不仅传热系数大，冷风渗透量更大!）。尽量不要选择金属框窗户!

散热器靠墙一侧做绝热（图3），绝热宽度比窗户尽可能宽些。

图2 窗户下设置散热器的室外红外成像照片

图3 在散热器后面的外墙内侧做绝热

（2）尽可能不要在外墙开墙槽，若需开墙槽，在管道外面要做绝热。

（3）地暖绝热板采用品牌企业合格的产品（不合格产品主要表现在厚度与密度不符合要求，甚至添加废旧塑料，使绝热性能变差）。

（4）夜间与较长时间外出时，将供暖温度下调15%；调节定时供暖（注意：不是关闭供暖，而是降低温度），仅此两项即可节能15%～20%。

（5）可能的话，做外墙外保温或外墙内保温（包括顶棚绝热），试验证明30mm厚绝热层可节能至少20%～30%；若绝热层更厚些，则节能更多。

（6）尽可能采用冷凝水锅炉作为热源，使得热效率可以提高6%～7%。

一个行业的企业之间若在节能上相互竞争，将形成一种良性竞争，使独立供暖的运行费用大大降低、更多的客户愿意接受和安装供暖系统，这个行业的寿命才会更长!

附表1 钢制散热器选型（热输出比95/70℃）

		14℃		16℃		18℃		20℃		22℃	
		W	kcal/h	W	kcal/h	W	kcal/h	W	kcal/h	W	kcal/h
10P	300	541	465	521	448	501	430	481	413	461	396
	400	682	586	657	565	632	543	606	521	581	500
	500	834	717	803	690	772	664	741	637	710	611
	600	980	842	943	811	907	780	871	749	834	717
	750	1190	1023	1146	985	1102	947	1058	909	1014	872
	900	1378	1185	1327	1141	1276	1097	1225	1053	1174	1009
11P	300	734	631	707	608	680	584	653	561	625	538
	400	951	818	916	788	881	757	846	727	810	697
	500	1175	1011	1132	973	1088	936	1045	898	1001	861
	600	1398	1202	1346	1158	1295	1113	1243	1069	1191	1024
	750	1726	1484	1662	1429	1598	1374	1534	1319	1470	1264
	900	2035	1750	1960	1685	1884	1620	1809	1555	1733	1490
21PKP	300	1051	904	1012	870	973	837	934	803	895	770
	400	1360	1169	1309	1126	1259	1082	1209	1039	1158	996
	500	1662	1429	1600	1376	1539	1323	1477	1270	1415	1217
	600	1944	1672	1872	1610	1800	1548	1728	1486	1656	1424
	750	2338	2010	2251	1936	2165	1861	2078	1787	1992	1713
	900	2702	2324	2602	2237	2502	2151	2402	2065	2302	1979
22PKKP	300	1547	1330	1490	1281	1433	1232	1375	1183	1318	1133
	400	1877	1614	1807	1554	1738	1494	1668	1434	1599	1374
	500	2223	1911	2140	1840	2058	1770	1976	1699	1893	1628
	600	2563	2204	2468	2122	2373	2041	2278	1959	2183	1877
	750	3074	2643	2961	2546	2847	2448	2733	2350	2619	2252
	900	3595	3091	3462	2976	3328	2862	3195	2747	3062	2633
33DKEK	300	1946	1673	1873	1611	1801	1549	1729	1487	1657	1425
	400	2461	2116	2370	2038	2279	1960	2188	1881	2097	1803
	500	3007	2585	2895	2489	2784	2394	2672	2298	2561	2202
	600	3539	3043	3408	2931	3277	2818	3146	2705	3015	2592
	750	4320	3714	4160	3577	4000	3439	3840	3302	3680	3164
	900	5035	4329	4848	4169	4662	4008	4475	3848	4289	3688

注：每米散热器散热量。

附表 2　钢制散热器选型（热输出比 80/60℃）

		14℃		16℃		18℃		20℃		22℃	
		W	kcal/h	W	kcal/h	W	kcal/h	W	kcal/h	W	kcal/h
10P	300	416	357	395	340	380	327	360	310	340	293
	400	524	451	499	429	480	413	455	391	429	369
	500	641	551	610	524	587	504	556	478	525	451
	600	753	647	717	616	689	593	653	562	617	530
	750	914	786	870	748	837	720	793	682	749	644
	900	1059	910	1008	867	969	834	918	790	867	746
11PK	300	564	485	537	462	517	444	489	421	462	397
	400	731	629	696	598	669	576	634	545	599	515
	500	903	777	860	739	827	711	783	674	740	636
	600	1074	924	1023	879	984	846	932	801	880	757
	750	1327	1141	1263	1086	1215	1044	1151	989	1087	934
	900	1564	1345	1488	1280	1432	1231	1357	1166	1281	1102
21PKP	300	808	694	769	661	739	636	701	602	662	569
	400	1045	898	995	855	957	823	906	779	856	736
	500	1277	1098	1215	1045	1169	1005	1108	952	1046	900
	600	1494	1285	1422	1223	1368	1177	1296	1115	1224	1053
	750	1797	1545	1710	1471	1645	1415	1559	1340	1472	1266
	900	2077	1786	1977	1700	1902	1635	1801	1549	1701	1463
22PKKP	300	1189	1023	1132	973	1089	936	1032	887	974	838
	400	1442	1240	1373	1180	1321	1135	1251	1076	1182	1016
	500	1708	1469	1626	1398	1564	1345	1482	1274	1399	1203
	600	1970	1694	1875	1612	1804	1551	1709	1469	1614	1388
	750	2363	2032	2249	1934	2163	1860	2050	1762	1936	1664
	900	2763	2375	2629	2261	2530	2175	2396	2061	2263	1946
33DKEK	300	1495	1286	1423	1224	1369	1177	1297	1115	1225	1053
	400	1892	1626	1800	1548	1732	1489	1641	1411	1550	1333
	500	2311	1987	2199	1891	2116	1819	2004	1723	1893	1628
	600	2720	2339	2589	2226	2491	2142	2360	2029	2228	1916
	750	3320	2855	3160	2717	3040	2614	2880	2476	2720	2339
	900	3869	3327	3683	3167	3543	3046	3356	2886	3170	2726

注：每米散热器散热量。

附表3 钢制散热器散热系数换算表

为方便设计人员在不同的热源情况下换算钢制板式散热器的散热量，我们在此提供快速换算表。以散热器在95℃/70℃/18℃情况下为标准系数为1.00，其他温度情况下只要把原散热量乘以表格内系数即可获得不同进出水温度下的散热量。

进水温度（℃）	室温（℃）	出水温度（℃）40	45	50	55	60	65	70
95	14	0.70	0.77	0.84	0.90	0.96	1.02	1.08
	16	0.66	0.73	0.79	0.86	0.92	0.98	1.04
	18	0.62	0.69	0.75	0.82	0.88	0.94	1.00
	20	0.58	0.65	0.71	0.78	0.84	0.90	0.96
	22	0.53	0.61	0.67	0.74	0.80	0.86	0.92
90	14	0.67	0.73	0.80	0.86	0.92	0.98	1.04
	16	0.63	0.69	0.76	0.82	0.88	0.94	1.00
	18	0.59	0.65	0.72	0.78	0.84	0.90	0.95
	20	0.54	0.61	0.68	0.74	0.80	0.86	0.91
	22	0.50	0.57	0.64	0.70	0.76	0.82	0.87
85	14	0.63	0.70	0.76	0.82	0.88	0.93	0.99
	16	0.59	0.66	0.72	0.78	0.84	0.89	0.95
	18	0.55	0.62	0.68	0.74	0.80	0.85	0.91
	20	0.51	0.58	0.64	0.70	0.76	0.81	0.87
	22	0.48	0.54	0.60	0.66	0.72	0.78	0.83
80	14	0.60	0.66	0.72	0.78	0.83	0.89	0.94
	16	0.56	0.62	0.68	0.74	0.79	0.85	0.90
	18	0.52	0.58	0.64	0.70	0.76	0.81	0.86
	20	0.48	0.55	0.61	0.66	0.72	0.77	0.82
	22	0.45	0.51	0.57	0.62	0.68	0.73	0.78
75	14	0.56	0.62	0.68	0.74	0.79	0.84	0.89
	16	0.53	0.59	0.64	0.70	0.75	0.80	0.86
	18	0.49	0.55	0.61	0.66	0.71	0.77	0.82
	20	0.45	0.51	0.57	0.62	0.68	0.73	0.78
	22	0.42	0.48	0.53	0.59	0.64	0.69	0.74
70	14	0.53	0.59	0.64	0.69	0.75	0.80	
	16	0.49	0.55	0.60	0.66	0.71	0.76	
	18	0.46	0.51	0.57	0.62	0.67	0.72	
	20	0.42	0.48	0.53	0.58	0.63	0.68	
	22	0.39	0.44	0.50	0.55	0.60	0.65	

续表

进水温度（℃）	室温（℃）	出水温度（℃） 40	45	50	55	60	65	70
65	14	0.60	0.55	0.60	0.65	0.70		
	16	0.46	0.51	0.56	0.61	0.66		
	18	0.42	0.48	0.53	0.58	0.63		
	20	0.39	0.44	0.49	0.54	0.59		
	22	0.35	0.41	0.46	0.51	0.55		
60	14	0.46	0.51	0.56	0.61			
	16	0.43	0.48	0.52	0.57			
	18	0.39	0.44	0.49	0.54			
	20	0.36	0.41	0.46	0.50			
	22	0.32	0.37	0.42	0.47			
55	14	0.42	0.47	0.52				
	16	0.39	0.44	0.48				
	18	0.36	0.40	0.45				
	20	0.32	0.37	0.42				
	22	0.29	0.34	0.38				
50	14	0.39	0.43					
	16	0.35	0.40					
	18	0.32	0.37					
	20	0.29	0.33					
	22	0.26	0.20					

注：本表格中的系数经过四舍五入处理，根据此系数得出的散热量会有轻微偏差。

附表4 水泥、石材或陶瓷面层单位地面面积的向上供热量和向下传热量（W/m²）

平均水温（℃）	室内空气温度（℃）	加热管间距（mm）									
		500		400		300		200		100	
		向上供热量	向下传热量	向上供热量	向下传热量	向上供热量	向下传热量	向上供热量	向下传热量	向上供热量	向下传热量
35	16	64.4	18.4	72.6	18.8	81.8	19.4	91.4	20.0	100.7	21.0
	18	57.7	16.7	65.0	17.0	73.2	17.4	81.7	18.1	89.9	19.0
	20	51.0	14.9	57.4	15.2	64.6	15.6	72.1	16.1	79.3	16.9
	22	44.3	13.1	49.9	13.3	56.0	13.7	62.5	14.2	68.7	14.9
	24	37.7	11.3	42.4	11.5	47.6	11.9	53.0	12.2	58.2	12.8
40	16	82.3	23.1	93.0	23.6	105.0	24.2	117.6	25.2	129.8	26.5
	18	75.5	21.4	85.3	21.8	96.2	22.4	107.7	23.3	118.8	24.4
	20	69.7	19.6	77.6	22.0	87.5	20.6	97.9	21.4	107.9	22.4
	22	62.0	17.9	69.9	18.2	78.8	18.7	88.1	19.4	97.1	20.4
	24	55.2	16.1	62.3	16.4	70.1	16.8	78.3	17.5	86.3	18.3
45	16	100.6	27.9	113.8	28.4	128.6	29.4	144.3	30.4	159.6	32.0
	18	93.7	26.1	106.0	26.7	119.7	27.5	134.3	28.5	148.5	30.0
	20	86.9	24.4	98.2	24.9	110.9	25.6	124.4	26.6	137.4	27.9
	22	80.0	22.6	90.4	23.1	102.1	23.7	114.4	24.7	126.4	25.9
	24	73.2	20.9	82.7	21.3	93.3	21.8	104.5	22.7	115.7	23.9

注：1. 计算条件为加热管公称外径20mm，填充层厚度50mm，聚苯乙烯泡沫塑料绝热层导热系数0.041W/(m·K)、厚度20mm，供回水温差10℃；

2. 水泥、石材或陶瓷面层热阻力0.02m²·K/W。

参 考 文 献

[1] Herbert Zierhut. Heizungs-und Lueftungstechnik. Ernst Klett Verlag Stuttgart \ Muenchen \ Dusseldorf \ Leipzig，1993.

[2] Ulrich Soller・Hartmut Munkelt. Der Heizungsbauer. Deutsche Verlags-Anstalt Stuttgart \ Julius Hoffmann Verlag，1995.

[3] Albers，Nedo，Dommel，Uebelacker，Montaldo-Ventsam，Wagner. Zentrahlheizungs-und Lueftungsbau fuer Anlagenmechaniker SHK Technologie. 6. korrigierte Auflage，Handwerk und Technik-Hamburg，2007.

[4] 分户燃气供暖协会. 分户燃气供暖培训教材（草稿）. 2012年版.

[5] http：//www. heiz-tipp. de-Begrife